国际时尚设计丛书·服装

时装设计：全程实训教程

专业必修课教材

内 容 提 要

本书介绍了服装的历史和理论背景，探讨了绘制时装画、色彩设计和计算机辅助设计的方法和技巧；为读者呈现了完整的调研和创意生成过程以及从纸样设计到样衣制作等服装系列设计的完整步骤，描述了服装行业内的各种工作。此外，本书还收录了对服装设计师的一系列访谈，读者能够领略到各位服装设计师对变幻莫测的时尚界的独特见解。

原文书名：FASHION DESIGN: THE COMPLETE GUIDE
原作者名：JOHN HOPKINS

著作权合同登记号：01-2012-5423

图书在版编目（CIP）数据

时装设计：全程实训教程/（英）霍普金斯著；钟敏维，刘驰译.—北京：中国纺织出版社，2015.4
（国际时尚设计丛书. 服装）
ISBN 978-7-5180-1400-2

I.①时… II.①霍… ②钟… ③刘… III.①服装设计—教材
IV.①TS941.2

中国版本图书馆CIP数据核字（2015）第027232号

策划编辑：华长印　责任编辑：宗　静　特约编辑：张长敏
责任校对：梁　颖　责任设计：何　建　责任印制：储志伟

中国纺织出版社出版发行
地址：北京市朝阳区百子湾东里A407号楼　邮政编码：100124
销售电话：010—67004422　传真：010—87155801
http://www.c-textilep.com
E-mail:faxing@c-textilep.com
中国纺织出版社天猫旗舰店
官方微博 http://weibo.com / 2119887771
北京佳信达欣艺术印刷有限公司印刷　各地新华书店经销
2015年4月第1版第1次印刷
开本：635×965　1/8　印张：26
字数：279千字　定价：98.00元

凡购本书，如有缺页、倒页、脱页，由本社图书营销中心调换

国际时尚设计丛书·服装

时装设计：全程实训教程

专业必修课教材

[英]约翰·霍普金斯 著
钟敏维 刘驰 译

中国纺织出版社

前 言

《**时装设计：全程实训教程**》生动地展现了服装设计的背景和特征，描述了设计实践的相关领域和职业前景。

不论从学术角度，还是从其善变的本质——作为流行文化的一部分和当代媒介，时尚都是一个非常复杂的话题。本书主要向读者提供在国际服装设计行业中普遍存在的、关于服装设计工作过程和协作关系的最新理念。为顺应这种开放型的行业背景，本书从伦敦、巴黎和纽约三个国际时尚中心选取了一些经验丰富的服装设计师、行业专家、设计专业的学生以及从业人员，对他们进行了访谈，并收录了部分作品。

本书旨在帮助服装设计专业的学生和有志从事时尚工作的人，从概念或设计主题的产生到样衣制作和服装系列的诞生，去理解设计的关键步骤。本书着眼于实践，展示了各类服装设计工作室的原创作品和图片。

每一章节都以一组学习目标作为开端，以问题讨论和活动建议来收尾。希望这种方式能激励读者去对章节内容进行更深入的分析和探讨。除此之外，每一章都列出了扩展学习的资源清单，其中一部分内容专业性强，有国际影响力，能为您的个人研究或调查拓宽思路。

服装设计是一门综合性的学科，涉及多个领域，比如美学、工业、经济和文化。无论您是想成为一名服装设计师，还是想拓宽知识面，希望本书能加深您对服装设计的理解。

1 时尚大背景

目标

介绍时尚的背景与定义

认识服装产品的分类

思考服装流行周期的变化规律

理解时尚之都形成的历史背景

了解丰富多样的国际时装盛事

在大媒体背景下品鉴时尚

01 — 时装摄影
广告宣传和时装摄影不断地为时尚注入活力和激情，有时也带来争议。
摘自：Anne combaz for ponytail magazine

01

1 时尚大背景

1.1 定义时尚

时尚包罗万象，与社会学、文化学、心理学和经济学有着千丝万缕的联系。面对如此复杂的本质，要想简单地对时尚下一个定义非常困难。尽管时尚一词涵盖了各种款式的衣服、丰富的配饰、多元的生活方式和某一时期的行为，但一两件衣服并不能代表时尚，时尚仍然与“衣服”或者“服装”有着显著的区别。因此，我们应该将视线投向更广阔的当代社会现象和人类行为，在这样的大背景下去理解时尚。

流行文化

时尚通常被视为一种流行文化。时尚流行转瞬即逝，似乎显得微不足道，而事实上，时尚有待于我们去做更细致的分析和更深入的文化解读，这种解析有必要联系时尚的共有语境、社会交流功能和传播渠道。大多数社会学家和历史学家都认为文化是后天习得的。依此而论，时尚也是后天习得的一种社会行为。虽然为求保暖和防护而穿衣是一种本能，但人类的各种约定和交流活动，使得时尚俨然成为品位、财富和理想的文化象征。时尚的这种社会功能随着个人身份与集体身份的糅合日趋稳定。随之，时尚文化也许将被广泛地理解成一种系统，它联合了个体，有着自身的规则，并结合当前形势和社会规范提供了某种社会结构模式。

持续变化

时尚最显著的特征就是不断地变化和重现，形成持续的周期，让人联想到哲学里的时代精神（zeitgeist）理论。时尚反映时代特征，若要定义什么是时尚并不是一件容易的事。凡是被誉为时尚的事物，一定要具有时代性。穿着流行服装就可以称为时尚，这是最简单的例子。然而，由于时尚是不断变化和持续更新的，谁最先接受时尚，谁就最有可能树立起时尚风向标，引领时尚的潮流。这样，最先接受时尚的人将葆有激情，让时尚发生变化，但是一些外部因素和时尚的主导力量会削弱他们的影响。

Zeitgeist

从字面上讲，Zeitgeist指的是时代精神。时尚是流行文化的一部分，也遵循着时代精神的原则，通常反映当前的政治和文化状况。它极易受到外部力量的影响，比如重大事件、主流思想观念、社会团体以及科技等。

时尚就是时代精神（Zeitgeist）。“Zeit”意味着时间，只要时尚初现端倪，你就得像精确的瑞士表一样精准地捕捉到它。

卡尔·拉格菲尔德（Karl Lagerfeld）

性别

从根本上讲，时尚要表达性别特征。性别特征通常是由社会角色和文化准则来限定的。在历史上，时尚如何表现性别，受到年龄、风俗、地位和两性关系的影响。而在当代时尚文化里，大媒体与时尚传播越来越多地影响着时尚对性别的表达。从商业角度来看，女装相对男装而言占据主导地位。男装的领域仍然局限于行政制服和职业装。这种不平衡状态深化了时尚与性别的关系问题。当代时尚语境下的男女，在穿着上或是界限分明，或是变得模棱两可（诸如“男友款”之类的词进入时尚词典）。而庄重与魅惑，在不同的文化里仍然有着不同的解释，许多服装设计师也对两者间的关系进行了探索。

01 — 让·保罗·戈尔蒂埃（Jean Paul Gaultier）2011秋冬系列
雌雄难辨的男模安德烈·皮吉斯穿着法国设计师让·保罗·戈尔蒂埃设计的以詹姆斯·邦德的形象为灵感的套装。安德烈也在戈尔蒂埃的时装大片中以缪斯女神形象出现。
摘自：Catwalking

02 — 戈尔蒂埃2011春夏高级时装系列
在让·保罗·戈尔蒂埃的巴黎高级时装秀上，安德烈·皮吉斯身着新娘礼服。皮吉斯的吸引力与时尚圈对雌雄同体的兴趣相关。
摘自：Catwalking

社会与心理功能

虽然时尚看起来只是表面性的，但在社会和心理层面上，穿着实际影响着个体的自我感觉和个体所期望的他人对自己的看法。社会仍然要求我们遵从性别和文化规则，但时尚却能表达个体愿望，展现个性。服装设计中很重要的一点就是服装廓型的变化。纵观历史上服装廓型的演变规律，各个时期的理想体型就形象地铺展在我们面前，它承载了当时的性别观和审美观。例如，追求穿着舒适的观念刚兴起，就产生了休闲装——这是20世纪最伟大的遗产。时尚常被人视为品位的象征，或被当作获取认同感的工具，由此所带来的心理压力，让人们不可能完全自由，也不可能摆脱穿衣规则的束缚。不管怎样，时尚是一个永恒的话题，有着无穷的魅力。

意义的转化

服装具有象征意义，在历史上常被用以表达身份和地位，构造社会和文化差异。例如，用装饰来区别身份，用礼服来区分宗教或政党。穿着不同类别的服装（如穿着制服或是休闲装）还能表达集体特征。服装的各种象征意义被频繁使用，并不断更新。例如，设计师经常从军装获取灵感，将某些元素应用到女装上。虽然军装元素的实际功能丧失了，但它的象征意义却转化到了女装上。从设计的角度来看，服装象征意义的转化跟跨文化影响和团体意识有关。有时，我们故意颠覆服装的传统象征意义，来表达一种反叛精神，像街头时尚就是一个典型的例子。

经济学

时尚产业层次多元，商业机会众多。它超越国家和政治边界，覆盖生产制造业、零售业乃至传媒等多个经济领域。由于19世纪以来，工业技术的加速革新，才造就了如今庞大的时尚产业链。时尚行业最特别的一点就是供应链（Supply chain）。高效的供应链管理，引发了许多社会、道德和环境方面的争议，人们甚至对供应链自身赖以更新的计划报废（Planned obsolescence）策略也提出了质疑。

供应链（Supply chain）
供应链是经过严密计划和安排的一系列步骤。在这些步骤的指导下，原材料被转化成产品进行销售或推广。

计划报废（Planned obsolescence）
1954年布鲁克斯·史蒂文斯（Brooks Stevens）将这一词汇推广开来。他将其定义为“激起消费者不断购买新产品的欲望”。

社会生产过剩时，人们就会想方设法处理剩余价值……我们卖掉时尚，等待随之而来的新时尚。只要有剩余价值，就有时尚产生。 **奥特·凡·布希（Otto Van Busch）**

01 — 探究身份
当今时尚背景下，在女装中借用男装元素已十分常见。
摘自：Anne Combaz for Tush magazine

中世纪

欧洲社会由各国宫廷统治。

公元8世纪，基督教开始影响欧洲男女服装的样式。

丘尼卡（Tunic）在造型和装饰上有了变化，并日趋精美。

贸易和手工艺同业公会形成。

服装样式受到禁奢令限制。

贵族穿着毛皮服装。

服装的裁剪和造型越来越受重视。

出现了男女皆可穿用的丘尼卡——柯特哈蒂（Cote-hardie）。

流行蒂皮特披巾（Tippets）和垂袖。

出现了豪普兰德（Houppelande）。豪普兰德是一种男士外衣，衣身宽阔厚大，袖子上端蓬起，呈喇叭状。

勃艮第（Burgundy）宫廷影响着欧洲其他宫廷的服饰。

丝织品的应用增多，新型丝织物如织锦缎和花缎也被应用到服装上。

01 — 中世纪
哥特式裙装采用精良的织物做成。衣身上下比例夸张，使人显得修长。

文艺复兴

文艺复兴样式在意大利和北欧地区出现分化。

切口（Slashing）装饰能显露精美的内衣，非常盛行。

短而紧身的服装样式在意大利颇为流行。

达布里特（Doublet——一种紧身短上衣）和坎肩成为男士外套。

男士紧身裤变成上下两部分，上面是加衬垫的箱式裤管，下面是紧身的袜子。

衬垫技术得以发展，极大地影响了服装的廓型。

由于裙子变得更加宽阔丰满，女士的蕾丝胸衣也变得更加硬挺。

套装式内衣演变成单件式的硬挺紧身胸衣，即早期的紧身胸衣。

紧身胸衣中加入鲸鱼骨和前中胸撑，变得更加硬挺。

女士在精巧的外裙下穿着衬裙和硬挺的紧身胸衣。

贵族所使用的衣料日趋华丽。

宫廷女子穿着用环形撑箍缝制的西班牙裙撑（Spanish Farthingale）。

在西班牙流行穿着沉稳的黑色服饰。

轮状皱领成为时尚。

鼓形大裙撑（Great Farthingale）取代西班牙裙撑。

男女服饰的造型夸张，不自然。

精致的花纹装饰和白底黑线刺绣装饰流行起来。

“豌豆荚形”（Peascod belly）达布里特和斗篷在男士中十分流行。

02~03 — 文艺复兴
伊丽莎白女王身着裙撑。当时的服装扭曲了人体，沉重且僵硬。

04 — 巴洛克
巴洛克样式趋向柔软的廓型和面料，造型自然，装饰华丽。

巴洛克

欧洲的政治中心从西班牙转移到法国，法国的服装样式随之更具影响力。

缎带和蕾丝装饰在男女服装中流行起来。

女装流行更加丰满圆润的造型。

腰线提高。

女士穿着多层衬裙。

蕾丝领和装饰部件十分流行。

缎子和塔夫绸取代了女装中沉重的织锦缎和僵硬的面料。

清教徒偏爱毫无装饰的黑色服装。

带踢马刺的骑士风皮靴在男装中很流行。

女士在巴斯克紧身胸衣里面穿着衬衣（早期的紧身胸衣）。

在法国和英国宫廷出现了一种新式修身长外衣，被称为教士袍（Cassock/Casaque），它与长背心搭配穿着，并迅速取代了达布里特。

男士流行戴精致的假发。

女士紧身胸衣拉长变窄，有些胸衣的开口设在前面，而裙子仍然是多层的。

男士流行戴三角帽，穿着带扣的鞋子。

杰斯托考鲁（Justacorps）——教士袍的变化款，成为一种新式男外衣。

从洛可可到大革命

一些棉纺厂在法国和英国建成，以满足流行所需的棉型面料。纺织技术也有所提高。

裙环和裙撑（Paniers）等支撑型内衣使裙子显得更宽。

男装开始摒弃浓重的阳刚之气，转向更精巧的样式和色彩。

东西方贸易往来增多，欧洲服装受到东方样式和中国风的影响，色彩淡雅，织物纹样以花草为主。

男士穿着双排扣长礼服。

英国骑装和乡村风格的服装开始流行。

背部叠褶大衣（Sack-back gowns）（也称为华托服）流行于法国。

法国服饰从挤奶少女、牧羊女和浪漫的乡村风格中获取灵感，风行一时。

法国大革命废除了禁奢令，正式摒弃了着装的等级差别。

革命者呼吁“非马裤”（不穿马裤穿长裤）。

从英国水手裤演变而来的宽松连体裤由大革命者引入法国。

假发很快过时。

05~06—洛可可
洛可可服饰与这一时期精致、秀丽的室内装饰相呼应。男装变得修身，而且不再那么矫饰。

从新古典主义到浪漫主义

法国大革命以后，出现了比例夸张的服饰。少数穿着奇装异服的男子和穿着古希腊服饰的女子掀起了这股风潮。

圆摆长礼服演变成男士燕尾服。

男士开始穿着双排扣燕尾服和马裤。

女士服装受古希腊、古罗马服饰影响，腰线提高，风格典雅。女子不再穿着紧身胸衣。

服装的腰线回落到自然位置，灯笼裤（Pantalettes）成为女士内衣。

出现半截式紧身胸衣（Demi-corsets）。

女士重拾紧身胸衣，腰部越束越窄，袖子越变越宽。

女士流行戴无边软帽（Bonnets）。

领饰成为绅士着装中的必需品。

在花花公子博·布鲁梅尔（Beau Brummell）的影响下，英国乡村服装摇身一变，成了绅士服。

19世纪

男子服装变得以素净的颜色为主，如黑色、藏青色和灰色。

克里诺林裙撑（Crinoline foundations）的出现使女装廓型变得丰富起来。

女士开始穿着绣花短上衣（Zouave jacket）和宽大衬衫。

随着新技术的发展，裙撑造型越来越精巧。

查尔斯·弗莱德里克·沃斯（Charles Frederick Worth）在巴黎开设以自己名字命名的高级时装屋。

伦敦萨维尔街手工缝制传统形成。

缝纫机出现，服装的产量增加。

英国休闲服饰，如诺福克（Norfolk）样式和便装上衣，影响了花呢休闲套装的样式。

各种男士正装用黑白领结来指代。

西服上衣成为男士日常着装。

女士穿着巴斯尔裙撑（Bustles）。

紧身的护甲式胸衣和宽阔的羊腿袖，突出了女性纤细的腰部造型。

男士系活结领带。

公主线紧身胸衣和拼片裙塑造出腰部纤细的优雅廓型。

02

02—19世纪
束缚人体的紧身胸衣和宽阔的长裙暗示了女性的家庭角色。

01

01—新古典主义（帝政风格）
法国大革命对服装风格产生了深远影响。男装的色彩更加沉稳，风格更加庄重。

20世纪

1900年，法国举办了世界博览会，并在展会中开设时装展览馆，以宣传高级时装。

女性穿着紧身胸衣，胸部高高隆起，呈S廓型。

保罗·波列（Paul Poiret）成立了自己的高级时装屋，他所设计的服饰有着明显的东方风格。

随着帝政式高腰线的复兴，出现了相对平直的女装廓型。

无论男女都流行穿着骑装大衣和掸尘大衣。

男女服饰受到军装风格影响。

裙摆线大幅提升，女性开始穿着浅色长筒袜。

轻佻（Flapper）风格和男士休闲装对女装产生影响。

可可·夏奈尔（Coco Chanel）和艾尔萨·夏帕瑞丽（Elsa Schiaparelli）成为巴黎最具影响力的高级时装设计师。

好莱坞影星对时尚产生影响。

第二次世界大战迫使法国高级时装屋暂时关闭。

1947年，迪奥（Dior）发布著名的“新风貌”时装系列，重新树立了巴黎作为世界时尚之都的声誉。

迪奥、夏奈尔和巴伦夏加（Balenciaga）引领着20世纪中期的巴黎时尚。

女装廓型从合体变得更为宽松，更显年轻。

20世纪60年代，受流行文化影响，迷你裙出现。

巴黎高级时装屋发布高级成衣系列。

20世纪70年代，女性流行穿着衫裤套装和宽松的服饰。

20世纪80年代，流行垫肩。男女都喜着“权力服饰”（Power dressing）。

时装产品线得以延伸，满足了不同层次的市场需求。

随着电子商务、博客和移动通信的发展，时尚进入了数字时代。

03

03— 20世纪

20世纪，女性从紧身胸衣的桎梏中解脱出来，并树立起自信的新形象。一些早期电影明星如克拉拉·鲍（Clara Bow）就是很好的例子。

1.2 时尚体系

在国际时尚产业结构中，服装设计只是其中的一部分。工业和技术的进步直接促进了服装供应链的发展。每个档次的服装都有一条从生产到销售完整的供应链。因此，从服装制造方式就能区分出时尚产业中的商业类型和市场定位。若把时尚产业按等级划分，可分为以下几类。

高级时装/高级女装（Haute couture）：独一无二的时装设计作品，以顶级品牌如夏奈尔和克里斯汀·迪奥作为衡量标准。

高级成衣（Designer）：顶级设计师的成衣系列，如德赖斯·范·诺顿（Dries Van Noten）、山本耀司（Yohji Yamamoto）和普拉达（Prada）。

高档成衣（Bridge or diffusion）：价位比高级成衣略低一档的时装系列。如马克·雅可布之马克（Marc by Marc Jacobs）、唐可娜儿（DKNY）和安普里奥·阿玛尼（Emporio Armani）。

高街时装（Upper high street）：品质优良，通过各种连锁店和名品零售店销售的名牌和独立品牌时装，如卡伦·米伦（Karen Millen），LK.班尼特（LK Bennett）和琼斯·纽约（Jones New York）。

中档时装（Mid-high street）：新潮而在价格上有竞争力的服装和一些独立品牌服装，如Gap、Express和Next。

低档时装（Lower high street）：销售量多，价格适中的时装，也包括高档时装的仿版，比如H&M 和 New Look。

廉价服饰（Budget）：大批量生产，价格便宜的服饰，通常以自有品牌的形式在超市或大众市场销售，如普瑞玛克（Primark）和切罗基（Cherokee）。切罗基在英国通过特易购（Tesco）销售，主要面向美国市场。

高级时装

高级时装指的是为顾客量身定制且独一无二的时装作品。高级时装自19世纪一诞生，就代表了最顶级的质量和服务，并以精湛的手工制作为标志。在法国，“高级时装”更准确的叫法是高级女装（Haute couture），这是一个受法律保护的称誉。1945年，法国高级时装协会修订了高级时装的标准。新标准对时装、珠宝甚至配饰都有严格规定。高级时装屋和高级时装设计师也要遵循严格的会员制度。高级时装屋在法国至少要有一个高级定制工作室，雇佣15位以上的手工艺人，并且所有作品均为量身定制。高级时装设计师每年要举办两次时装发布会。夏奈尔和迪奥是当今法国最大的高级时装屋。虽然高级时装处在时装设计的塔尖，但高级时装屋却主要依赖品牌授权生产香水、开发副线品牌的成衣（Prêt-à-porter）来获取收入。意大利有着悠久的手工艺历史，在那里高级时装被称为“altamoda”。罗马才是意大利高级时装的中心，而非米兰。伦敦和纽约只有少数时装屋的作品能勉强称得上高级时装。唯有巴黎，才是不可争议的世界高级时装中心。

男装中的全定制（Bespoke）相当于高级女装，采用量身定制，由技艺精湛的工匠在工作室里手工裁剪制作。伦敦的萨维尔街（Savile Row）是世界上最负盛名的全定制男装中心。

萨维尔街Savile Row

萨维尔街是伦敦市中心富人区（Mayfair）的一条商业街，因传统的全定制西装而闻名。在萨维尔街，顾客称自己选好的衣料为“预定的”（Be spoken for），于是就产生了全定制（Bespoke）一词。这条街被誉为西装定制的黄金地带。多年以来，萨维尔街吸引了众多顾客，包括温斯顿·丘吉尔（Winston Churchill）、纳尔逊勋爵（Lord Nelson）和拿破仑三世（Napoleon III）在内的名流都曾光顾。

01

01—萨博（Saab）2010秋冬高级时装
设计师Elie Saab（艾莉·萨博）受法国高级时装协会之邀，发布其同名高级时装系列。这位生于黎巴嫩首都贝鲁特的设计师，受到东西方多种文化的影响。
摘自：Catwalking

02—迪奥2010秋冬高级时装
近几年的迪奥高级时装秀十分奢华。这种新颖华美的时装秀不仅巩固了迪奥作为世界级奢侈品品牌的地位，也提升了迪奥其他产品的形象。
摘自：Catwalking

02

成衣（Ready-to-wear）

成衣一词来源于法语prêt-à-porter，原指现成的设计师服装系列。成衣档次较高，价位合理，区别于按号型生产的服装。成衣产生于20世纪60年代，是日渐衰败的高级时装屋赖以生存的经济基础，它使人联想到同名的高级时装品牌，因此大受欢迎。但是近些年来，服装零售商不断地将成衣概念附会到各种独立品牌和批发品牌上，成衣一词已经概念泛化。如今，只要是大批量生产，任何价位的服装都称之为成衣。

女　装

单件式	指各种非定制的单件上衣、裙子和短裤，可以按照款式和色彩自由搭配。
连衣裙	连衣裙是服装系列中重要的一类，风格从休闲到正式，非常多样。
外衣和套装	定制或半定制的，各式各样的女装夹克、裙子、裤子和外衣。
休闲装	在英国，指的是休闲的服装样式，如针织运动衫和T恤，还有束腰夹克；在美国，休闲装所指的范围更广，如易打理的机缝夹克、裙子和裤子都称为休闲装。
运动装	指运动时穿着的各式服装，样式实用而随意。
针织服装	根据制作方法，可以分为无缝针织衫和拼缝针织衫，手工编织的服装也归为这一类。
晚装	设计师和零售商常将其视为专门设计或经营的一类产品。晚装的款式丰富，价格各异。
内衣和沙滩装	是包括内衣、塑身衣、泳衣和浴袍在内的一类产品。
牛仔装	女装中非常重要而独特的产品类别，档次从高级成衣到高街时装不等。

男 装

牛仔裤	牛仔裤已经成为男装中非常重要的一类产品，档次不等。从高级成衣和品牌服装甚至廉价服饰当中，顾客都能找到适合自己的牛仔裤。
休闲装	在男装中所占分量很大，主要针对年轻的消费群体。休闲装品牌众多、产品丰富，包括T恤、连帽衫、休闲裤和衬衣。
运动装	男士运动装品牌众多，并且都因运动鞋而闻名。这类产品专为各种体育运动而设计，采用高科技面料，与休闲装有显著区别。
针织服装	品牌针织服装在男装中占主导，品类丰富，包括无缝针织衫、拼缝针织衫和手工编织的服装。
定制服装	男装中很重要的一类产品，包括定制的西服、夹克、外套、裤子、衬衣和领带。不同的市场定位和制作工艺使这类产品的质量参差不齐。
正装	一般都是定制服装，比如无尾晚礼服和进餐服，搭配领结和宽腰带等男士配饰。
外衣	产品类型丰富，包括派克大衣和棉夹克之类的非定制外套以及中长款外套。品牌外衣产品也包括在内。
雨衣	雨衣是从外衣产品中分化而来的，在有些服装系列中，雨衣是很重要的一类，并且每一季都出现。传统的雨衣是修长的样式，比外套要显得正式一些。

特许经营

有些成衣产品是特许设计和生产的。特许经营须在既定时装公司和制造商之间达成协议，由此制造商可利用这一时装品牌的名称和商标来生产其他的产品。这样一来，时装品牌名下的产品类型得以扩展，甚至可以延伸到泳装这一专业领域。时装品牌也可以根据地域特色，打入该地区的市场，从而换取议定的特许经营费。所有特许经营须得小心管理，以保证品牌价值不被贬低，或者避免市场上充斥着单一的产品或样式。

时尚周期

时尚与每季的流行趋势紧密相联。在服装设计的语境下，时尚可被视为在特定时期的一种主导“风貌”或是盛行的样式或色彩。这种穿着趋同的现象将使男女装形成某一特定的廓型。衣身比例的变化或者是从外套裁剪中引进的新造型，宣告了廓型上的变化已初现端倪。随后，时尚杂志、广告和网络等传播渠道使这种廓型传播开来，风靡一时。结合时代精神理论来看时尚，其多变的本质，使人相信时尚或者“时髦”并非静止，也并非永久。时尚或风格随外部环境和社会因素不断变化，因此流行就是过眼云烟，变幻无常。即便如此，时尚产业中人并不是消极等待，而是在各种商业利益的驱使下使时尚呈持续的季节性变化，久而久之，就形成了循环周期。

01

01~04 — 安娜·苏（Anna Sui）2011秋冬时装

时装设计师常常从过往的年代里寻找灵感，将当时的某种服装风貌进行改良，展现在当代受众面前。这种设计只有融合了当代时尚元素才有可能成功，否则会看起来像古装戏服。设计师安娜·苏就非常擅长用这一方法设计时装系列。

02
03
04

时尚周期的构成阶段

时尚的瞬变性通常用时尚周期来表现。主要有三种周期：风潮流行周期、标准流行周期、经典样式流行周期。风潮流行周期非常短暂；标准流行周期有完整的季节性；而经典样式流行周期更为持久，经典款式会跨季流行，恒久存在。

每种周期都可按时间段划分为一系列阶段。第一阶段表示一种新样式的产生。在流行初期，时尚先锋们开始穿着新样式，获得的评价也是褒贬不一。第二阶段是上升期，新样式赢得更多认可，主要通过媒体和广告渠道得以推广。一旦如此，时尚追随者们便开始追捧它，改进款式，使这种新样式变得更有吸引力。第三阶段是新样式流行的顶峰，也就是说它已经进入了成熟期。到这个时候，改进后的新样式被广泛接受，在不同档次的市场上都能见到，它已攀上流行顶峰，达到饱和点。此时，大多数时尚人士都已经穿过这种新样式了。第四阶段是衰落期，新样式在非时尚人群中广泛流行，随处可见。零售商开始打折出售这类服装，时尚人士开始摒弃它。第五阶段是消亡期，这种服装满大街都是，看起来像廉价仿冒品，已经完全过时。

风潮流行周期中的新样式将会非常迅速地走完这五个阶段。市场迅速饱和是大多数风潮形成的原因。在时装行业的流行模式中，一种样式在某个季节被接纳，又可能会在将来以某种新面貌重现，因此标准流行周期更有代表性。相对风潮流行周期和标准流行周期而言，经典样式流行周期并不完整，因为它没有消亡期。处于这种流行周期的服装一般都是基础款或者固定款。这类产品通常都很实用，有一定的功能性，可能要经历数年才会有所变化。

> 全球化经济中布满了挑战和变化。**罗伯特·海勒（Robert Heller）**

01

02

03

01-03 — 时尚周期
这些图表描述了三种时装流行周期：风潮流行周期、标准流行周期和经典样式流行周期。

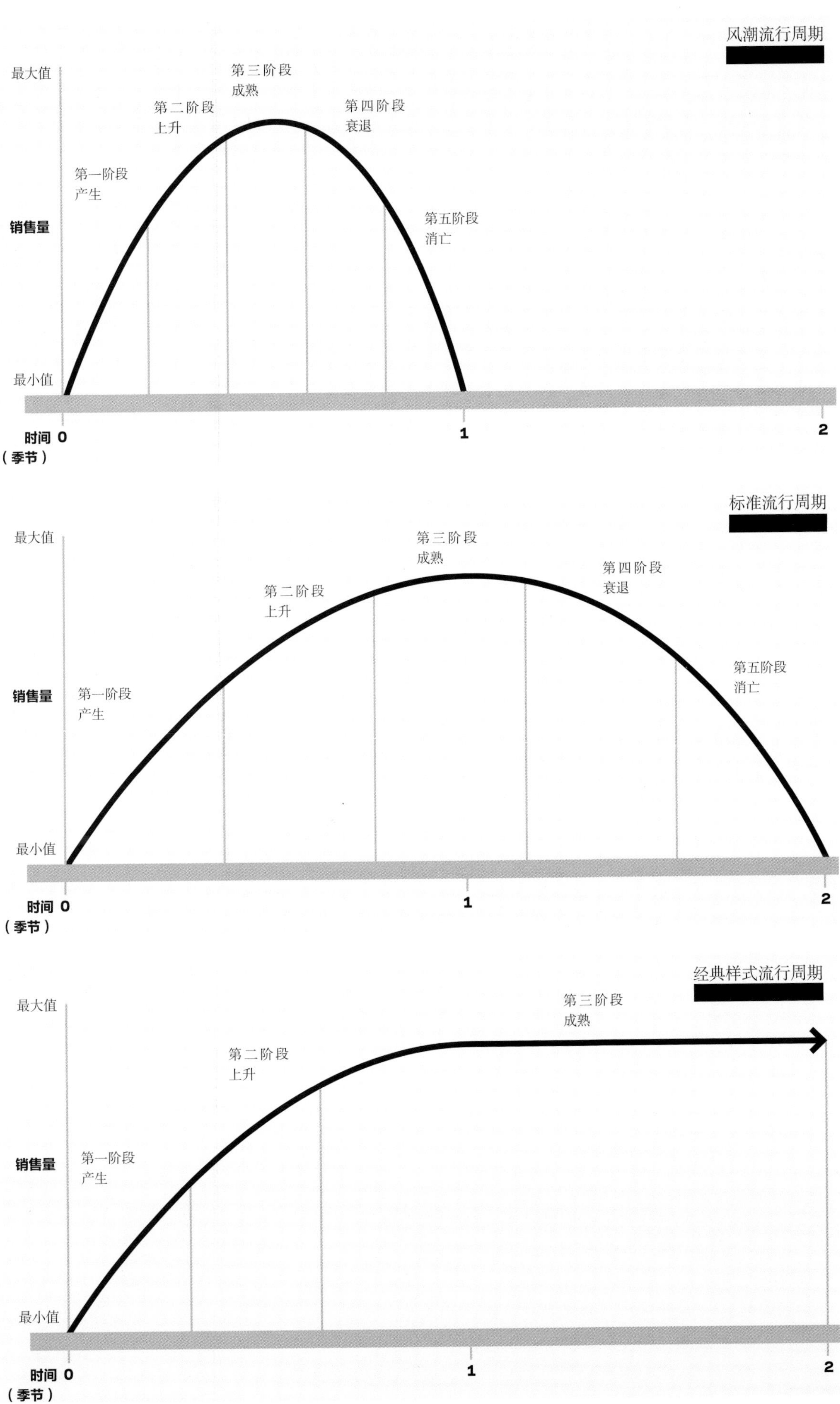
风潮流行周期
最大值
第三阶段
成熟
第二阶段
上升
第四阶段
衰退
第一阶段
产生
销售量
第五阶段
消亡
最小值
时间（季节）0
1
2
标准流行周期
最大值
第三阶段
成熟
第四阶段
衰退
第二阶段
上升
第五阶段
消亡
销售量
第一阶段
产生
最小值
时间（季节）0
1
2
经典样式流行周期
最大值
第三阶段
成熟
第二阶段
上升
销售量
第一阶段
产生
最小值
时间（季节）0
1
2

全球时装展会日程表

商业成衣展的增多反映了时尚产业的跨国多元化。举办时装周的国家在过去的数十年里激增到30多个。在这里列出所有的时装周是不可能的，所以下文只列出世界主要的贸易展会和时装周，以供参考。

名称	地点 + 时间	网址	描述
Atmosphère's	巴黎 三月 十月	www.pretparis.com	选择高品质的著名时装品牌或新兴品牌来参展，吸引了众多参加巴黎时装周的国际买手。
柏林时装周（Berlin Fashion Week）	柏林 一月 七月	www.mbfashionweek.com	德国和其他各国的设计师及优质时装品牌齐聚柏林时装周，以时装秀的形式发布系列作品。
The Brandery	巴塞罗那 一月 七月	www.thebrandery.com	汇集了当代女装、年轻的设计师品牌服装以及街头服装，吸引了全球买手。
Bread and Butter	柏林 一月 七月	www.breadandbutter.com	展会在柏林滕伯尔霍夫（Tempelhof）机场举行，主要展出牛仔品牌服装、街头服装、都市服装和各种小众品牌服饰。
哥本哈根国际服装博览会（Copenhagen International Fashion Fair）	哥本哈根 二月 八月	www.ciff.dk	展出北欧时装和欧洲主流品牌女装。展会上既有时装秀也有商品静态展。
CPH Vision	哥本哈根 二月 八月	www.cphvision.dk	主要展示北欧的时尚女装和名品服饰。这一展会与Terminal2（街头服饰与牛仔服装展会）合在一起进行。
伦敦时装周展会（The Exhibition at London Fashion Week）	伦敦 二月 九月	www.londonfashionweek.co.uk	展示著名设计师和小众女装品牌所设计的时装与配饰。展会配合伦敦时装周上的时装秀来进行。
纽约女装展览会（Fashion Coterie）	纽约 二月 九月	www.enkshows.com	展出高端女装品牌并配合鞋类展会Sole Commerce一同进行。百货公司和独立时装精品店的买手为了寻找高品质成衣系列，会被展会所吸引。
Fashion Mavericks	伦敦 二月 九月	www.fashionmavericks.com	为设计新秀和独立设计师提供展出流行女装的广阔舞台，与伦敦时装周同时举行。
Intersélection	巴黎 四月 十一月	www.interselection.net	是包括配饰系列在内的成衣博览会，主要针对各类零售商和中端品牌。这一展会为设计师、制造商和零售商提供了交流机会。
Living Room Tokyo	东京 三月 十月	www.livingroomtokyo.com	展出创意而时尚的设计师服饰系列，在日本时装周期间举办。

名称	地点 + 时间	网址	描述
伦敦时装周（London Fashion Week）	伦敦 二月 九月	www.londonfashionweek.co.uk	作为伦敦最重要的时装盛事，伦敦时装周展示了众多著名设计师的时装系列和设计新秀的作品。伦敦时装周素以创意和新奇的设计而闻名，并有固定的“男装日”。
洛杉矶时装展览会（Los Angeles Fashion Market）	洛杉矶 三月 八月	www.californiamarketcenter.com	是西海岸成衣（West Coast）和街头服装的重要展会，同时展出童装和鞋类。
Los Angeles Majors Market	洛杉矶 四月 十月	www.californiamarketcenter.com	汇集了众多青年时装，既有廉价的牛仔装又有品牌时装，面向各类零售商和百货公司买手。
Magic	拉斯维加斯	www.magiconline.com	时尚男装和女装秀吸引了以美国品牌为目标的国内外买手。
Margin	伦敦 二月 十一月	www.margin.tv	伦敦的这场展会为买手们展出小众品牌和著名品牌的服装，意在为设计新秀搭建发布作品的平台。
米兰时装周（Milan Fashion Week）	米兰 二月 九月	www.cameramoda.it	米兰最重要的时装盛会，向国际买手和媒体展示顶级女装设计师时装，如普拉达（Prada） 和古驰（Gucci）。米兰时装周是国际时尚界的亮点，聚集了国际买手和名流。
米兰男装时装周（Milan Men's Fashion Week）	米兰 一月 六月	www.cameramoda.it	米兰最重要的时装盛会，向国际买手和媒体展示男装品牌。
Milanovendemoda	米兰 二月 九月	www.milanovendemoda.it	久负盛名的成衣展，专门展出女装和配饰，汇集了200多个意大利时尚品牌。
Moda Manhattan	纽约 二月 八月	www.modamanhattan.com	在纽约的这场展会上展出的当代成衣，从正装到休闲装，种类繁多。为了吸引更多的买手和零售商，它常与配饰展览同时举行。
纽约时装周（NewYork Fashion Week）	纽约 二月 九月	www.mbfashionweek.com	纽约最重要的时装盛会，向国际买手和媒体展示顶级女装设计师时装，如马克·雅可布（Marc Jacobs）和拉夫·劳伦（Ralph Lauren）。纽约时装周是国际时尚界的亮点，聚集了国际买手和名流。
On/Off	伦敦 二月 九月	www.onoff.tv	伴随伦敦时装周举行，On/Off上的时装秀和展会已成为发掘设计新秀的重要舞台。

名称	地点 + 时间	网址	描述
巴黎时装周（Paris Fashion Week）	巴黎 三月 十月	www.modeaparis.com	巴黎最重要的时装盛会，向国际买手和媒体展示高级女装品牌，如路易斯·威登（Louis Vuitton）、夏奈尔（Chanel）和朗万（Lanvin）。巴黎时装周是国际时尚界的亮点，聚集了国际买手和名流。
巴黎高级时装周（Paris Haute Couture）	巴黎 一月 七月	www.modeaparis.com	专门发布高级女装系列，作品严格遵照最著名的巴黎高级时装屋标准，如夏奈尔和克里斯汀·迪奥（Christian Dior）。只有受到邀请的高级定制的顾客和媒体才有机会出席。
巴黎男装时装周（Paris Men's Fashion Week）	巴黎 一月 六月	www.modeaparis.com	选择国际顶级设计师时装品牌，如路易斯·威登、保罗·史密斯（Paul Smith）和迪奥·桀傲（Dior Homme），向买手和媒体展示其成衣系列。
Pitti Immagine Uomo	佛罗伦萨 一月 六月	www.pittimmagine.com	展示主流时尚男装的重要展会，既有来自定制时装屋的生活品牌服饰（Lifestyle brands），又有新崛起的品牌服饰。
Pitti Immagine W	佛罗伦萨 一月 六月	www.pittimmagine.com	展示高品质女装品牌的预告款。
巴黎国际成衣展（Prêt à Porter Paris）	巴黎 一月 十月	www.pretparis.com	现代和前卫女装品牌主题展只是这场盛大的巴黎成衣展中的一部分，Prêt还为肩负可持续发展重任的时装品牌设立了绿色环保展区。
Project	纽约和拉斯维加斯 二月 八月	www.projectshow.com	在纽约和拉斯维加斯每年举办两次，展出当代精品时装品牌连同休闲装和高端牛仔装品牌，吸引了众多寻找美国新品牌的国际买手。
伦敦国际女装展（Pure London）	伦敦 二月 八月	www.purelondon.com	展出丰富的当代女装、街头服装和配饰，主要针对主流时装市场。
Pure Spirit	伦敦 二月 八月	www.purelondon.com	展出引领潮流的青年男女时装系列，与伦敦国际女装展同时举行。
Rendez-Vous Femme	巴黎 三月 十月	www.rendez-vous-paris.com	属于巴黎时装周的组成部分，为当代的创新型小众设计师时装品牌提供了展示平台。吸引了为发掘设计新秀和新品牌而来的独立买手和百货公司买手。
Rendez-Vous Homme	巴黎 一月 六月	www.rendez-vous-paris.com	在巴黎的玛黑区举办，为当代的创新型小众男装品牌提供了展示平台。

名称	地点 + 时间	网址	描述
马德里国际时装展（Simm Madrid）	马德里 二月 九月	www.simm.ifema.es	主要展出成衣系列，也有少量男装和内衣。
Stitch	伦敦 二月	www.stitchmenswear.com	专门的男装贸易展会，展出著名品牌和新兴品牌的成衣与配饰，设有四个男装主题展区：牛仔、前卫、活力、视觉。
The Train	纽约 二月 九月	www.thetrainnewyork.com	位于纽约切尔西的Terminal Warehouse building，面向中高端市场的国际买手，主要展示美国的高档品牌和小众品牌。
Tranoi Femme	巴黎 三月 十月	www.tranoi.com	每年举办四次，与巴黎时装周同步，展出高端女装系列和著名品牌服饰，吸引了精品时装买手。
Tranoi Homme	巴黎 一月 六月	www.tranoi.com	每年举办四次，主要展示现代男装系列和知名男装品牌服饰。
White Donna	米兰 二月 九月	www.whiteshow.it	现代女装秀，吸引了来参加米兰时装周的国际买手和零售商。
White Homme	米兰 一月 八月	www.whiteshow.it	现代潮流男装秀，吸引了来参加米兰男装周的买手。White Homme以其引领潮流的时装秀和浓郁的创意氛围而闻名。
谁是下一个（Who's Next）	巴黎 一月 九月	www.whosnext.com	汇集了各种新品牌和知名品牌的男女服饰，既有都市服装和牛仔系列又有设计师品牌时装，都分布在不同的展区。

1.3 时尚之都

时尚与地理位置颇有渊源，有时尚之都一说。欧洲历史上最早的时尚中心是通过宫廷来构建的，各个国家的日常服装样式和礼节都由国王或贵族指定。在禁奢令维持并强化了社会等级的情况下，时装最原始的核心象征被认为是彰显地位和炫耀财富。

宫廷影响

哪个宫廷的政治、经济影响力大，就能成为时尚中心。这在国家之间被认为是文化霸权的一种表现。在16世纪，西班牙以强大的政治和军事实力称雄欧洲，并向欧洲其他宫廷推行其宫廷装束，比如非常华丽精致的面料和造型僵硬的裙装，最典型的就是西班牙裙撑和黑色服装的流行。然而，到了17世纪，法国取代西班牙，成为欧洲政治霸主，引领了巴洛克时代。这一时期的裙装色彩丰富且富有戏剧效果，显得热情洋溢。从此，法国巴黎确立了其时尚之都的地位，屹立不衰。在路易十五统治时期，法国以其不可争议的艺术和政治中心地位，推广和传播了法国服饰。

18世纪晚期的法国大革命暂时熄灭了法国的政治野心，也动摇了其服饰在欧洲的文化主导地位，使得从英国传来的简单自然的服饰风格流行开来，其中包括改良后的英国骑马装，它对19世纪早期服饰产生了很大影响。英国一些最优秀的裁缝在伦敦萨维尔街创办了各自的工作室，这一时期的缝纫技术也取得较大发展，英国自此成为男装高级定制的中心。

巴黎

高级女装在巴黎的诞生再次印证了法国是欧洲女装的中心。巴黎以一种超乎想象的方式主宰着当时的女性时尚。巴黎的高级女装屋引领着时尚主流，直到第二次世界大战。第二次世界大战爆发前，诸如Gazette du Bon Ton的出版公司推广了巴黎的时尚权威地位，巴黎是无可争议的时尚之都。第二次世界大战暂时中断了巴黎时装向包括美国在内的海外市场的传播。战后，克里斯汀·迪奥很快以其标志性的“新风貌”（The New Look）时装轰动时尚界，再次向世界声明了巴黎的时尚中心地位。

新风貌（The New Look）

1947年2月12日，迪奥发布了首届春夏时装系列。他推出的作品面料奢华、肩线柔和、腰部纤细、长裙蓬起。在物资短缺、定量配给的情况下，其用料之多在一开始就引发了争议，但事实上新风貌时装完全符合战后需求。因为人们饱受战争摧残，历经多年艰辛，女性都希望能穿着新颖的服装。

01 — 伦敦时装周
伦敦时装周是全球时装展会的大事件，因作品新颖、涌现设计新人而备受瞩目。伦敦时装周也注重影响日益广泛的数字媒介，是首个在线直播设计师时装秀的时装周。
摘自：Farrukh Younus@Implausibleblog

美国

19世纪20～30年代，好莱坞开始对服装样式的流行产生影响，也出现了一批美国本土的著名时装设计师。这一时期美国以纽约为时装中心，已初具世界影响力。以克莱尔·麦卡德尔（Claire McCardell）为首的美国设计师一反巴黎时装的形式和规则，创造出一种美国风貌，成为美国现代休闲装的雏形。克莱尔·麦卡德尔还提出了单件式服装的概念，他设计的时装以舒适实用为原则，影响了数代美国设计师。在战后的几年里，纽约的时装自成一体，纽约也成为著名的时尚中心，它将美国设计传播到世界各地，纽约国际时装周也成为世界上最著名的时装周之一。

意大利

意大利有着悠久的纺织品生产历史和优秀的传统服饰，自文艺复兴以来意大利样式对欧洲时装产生了广泛影响。由于庞大的丝织品生产劳动力和精良的手工艺以及面料生产历史，意大利成为新兴的世界时尚中心。在意大利悠久的历史发展中，时装分别以佛罗伦萨（Florence）、罗马（Rome）和米兰（Milan）为中心形成了地区特色。意大利战后重建主要依赖持续的投资、家族企业的发展和纺织服装产业集成（既能生产优良的纺织品又能制造高档服饰）。在服装上只要贴出“意大利制造”标签，就能增添作品的光彩，这彰显了意大利作为高品质时装中心的独特地位。米兰与巴黎、伦敦和纽约齐名，是世界四大时装周之一。

01

到20世纪80年代，巴黎、米兰、伦敦和纽约成为公认的时尚之都，它们各具特色，吸引了众多国际买手和媒体。这些国家大力栽培并宣扬本土设计人才，他们以全球设计为理念，这让他们变得与众不同。20世纪80年代早期，日本设计师掀起一股新的时尚浪潮，最著名的是川久保玲（Rei Kawakubo）和山本耀司（Yohji Yamamoto）。川久保玲是时装品牌“像男孩一样”（Commes des Garcons）的创办者。当时有部分法国媒体曾对此表示不屑，但正是这些日本设计师和一些比利时设计师如德赖斯·范·诺顿（Dries Van Noten）和德克·毕盖帕克（Dirk Bikkembergs），他们不仅增添了时尚的活力，还宣告了全球时装设计新时代的来临——巴黎、米兰、纽约和伦敦开始举办各具特色的国际时装周。

过去的二十年里，全球共涌现出30多个时装周举办城市。如今，从圣·保罗（Sao Paulo）到奥克兰（Auckland），从莫斯科（Moscow）到约翰内斯堡（Johannesburg）都遍布举办时装周的城市。大多数国家意在宣扬本土设计师和制造商，同时期望在繁华的国际市场占有一席之地。越来越多的国家已经掌控了时装设计的文化和商业价值。时装贸易展会和博览会不断增加。值得一提的是，随着经济迅速增长，工业化进程加速，中国正致力于将上海打造成与巴黎、米兰、伦敦和纽约齐名的时尚大都市。2010年上海世博会以及每年一届的国际时装文化节，标志着中国已成为国际时尚产业的中坚力量。

> 创意是思考新事物，创新是创造新事物。
>
> **西奥多·莱维特（Theodore Levitt）**

01

02

01～03 — 国际时装周
分别在萨格勒布（Zagreb）、马来西亚（Malaysia）和莫斯科（Moscow）举办的时装周。许多国家都希望通过获得国际时尚界的声誉来提高其国际地位。

03

1.4 世界文化

流行是时装设计的一种周期性特征。流行周期的建立基于一些显而易见的因素，这些因素直接或间接地定义了当季的时装外观形象。从商业角度来看，这些外观形象即构成了所谓的时尚。在传统的时装市场理论中有两种相反的流行模式：滴漏效应和逆流效应。

滴漏效应

滴漏效应假定流行是从社会经济地位较高的人群流向社会经济地位较低的人群。在以服饰象征身份地位的历史时期这一模式非常明显，19世纪和20世纪初期，高级女装的出现和发展使时装等级体系明晰起来，完全印证了这一流行模式。

逆流效应

逆流效应与滴漏效应截然相反。在逆流模式下，流行是从底层社会开始的，比如街头服饰演变成时尚主流或晋升到设计师时装的档次。比如从流行音乐或体育明星，朋克和嘻哈等反主流文化群体开始的流行都属于逆流效应。

如今大多数时装经营者都会顾及这两种流行模式的存在。从后现代主义的角度来看，时装设计在各种因素，甚至是相反因素的影响下持续自我更新。越来越多的媒介和传播渠道，包括时装秀，让时装设计更新加快。从快速时尚和生态时尚衍生出更为开放的设计主题，丰富了21世纪时装设计的语词和符号。

01 — 格温·史蒂芬妮（gwen stefani）
格温·史蒂芬妮创立了自己的品牌L.A.M.B，设计性感服饰和香水，成为现代时尚偶像。舞者原宿女孩（Harajuku）站在她两侧，展示了日本街头时尚。
摘自：PF / Keystone USA / Rex Features

传播媒介

对于从设计到销售的整个服装商业链而言，“不出问题”（Getting it right）一直都至关重要。要想“不出问题”就得洞察时效性，了解市场行情。在时装行业中，时效性非常重要，它与周期性的销售季节联系紧密。从这一点来讲，时装行业的操纵者就是那些研究流行和预测流行的专家和机构。他们预测色彩和面料流行趋势，宏观地辨识流行，综合解析国际时装秀和每年两次的贸易展会。

当代时尚是全球媒介与文化的一部分。从过去到现在，时尚总是通过各种媒介渠道被呈现出来。从18世纪，时尚通过巴黎的时髦人士传播，到21世纪，基于个性化的社交网络，出现了新颖的时尚营销方式。现代时尚媒介不只是传统的纸张和时尚杂志，还包括网站、博客、图像和视频以及Twitter之类的社交网络和微博。每种传播渠道从不同的角度传递时尚，通过混淆迷思与现实或明显地将两者割离，来表达不同的时尚观念。当各种互相矛盾的意识形态都驱使消费者去追逐时尚时，当代时尚中的迷思与现实最终实现了共存。品牌化将人类的价值观附加到服装上，让现代时尚的特性更加突出。名人与模特在时装设计与传媒产业中非常活跃，他们一旦发布了个人系列作品，也就成为“时装设计师”或“品牌”。

02 — SOKO
服装品牌SOKO是一个社会企业，利用肯尼亚当地的企业与手工艺人生产时装，供给当地市场或出口。最近SOKO与电商ASOS合作，搭建ASOS非洲网站。
摘自：SOKO

1.5 访谈录（Q&A）李·拉普桑（Lee Lapthorne）

姓名

李·拉普桑

职业

Doll 和 On|Off 的设计师与创立者/设计总监

网址

www.leelapthorne.com

简介

李是英国最优秀的时尚活动策划专家之一。BBC、ITV、宝洁（P&G）、CKOne、SKY、揽胜（Range Rover）和Italian Vogue都是他的客户。

作为Doll和On|Off的创立者兼设计总监，他曾为古驰（Gucci）、Pam Hogg、Robert Cary-Williams、普林（Preen）、贾斯珀·康兰（Jasper Conran）、尼科尔·法伊（Nicole Farhi）和Gardem等在巴黎和伦敦时装周上的亮相出谋划策。

他为电视节目服饰生活秀（Clothes Show Live）、英国超模大赛（Britain's Next Top Model Live）和西田集团（Westfield）设计的商业活动大获成功。

李也是中央圣马丁印刷专业本科课程的校外主考官和酷炫品牌排行（Coolbrands）的顾问。他被《设计周刊》杂志（*Design Week*）评选为年度最重要的50位时尚设计人物之一，并被誉为当今最走红的创意人才。

请谈谈你的公司Doll和你创办它的原因。

Doll是一个为时尚业提供创意活动和咨询的机构。它为时装秀、产品发布会、媒体日、颁奖典礼、派对和定制活动提供综合服务。

2000年初，我正忙着为艾玛·库克（Emma Cook）、Robert Cary-Williams和普林（Preen）等设计师筹备时装秀，那时布里坦尼娅（Britannia）还很火。我的名字渐渐成为创意时装秀的代名词。要举办这些大型时装秀就必须组建一支创意团队，就这样，Doll在2003年诞生了。

Doll这个名字来源于我的纺织品毕业设计（硕士学位），我发现玩偶（Doll）要么被视为生活中的珍宝，要么被遗弃——这正是对时尚业的恰当隐喻。

是什么激励你去创立On|Off的？

设计师总是让我去找一些新的活动场所，并要求时装秀既要独特又要省钱！我和这些设计师成了好朋友，所以得在许多方面全力支持他们。

On|Off举办的首场展览是在2003年9月，与伦敦时装周同时举行，我对此寄予厚望。在同一地点展出多位设计师的作品，是这场展览的精彩和独特之处，这在时装周上是首创。On|Off思想创新，意识前卫。从那以后，我们的展览模式就不断被其他机构所借鉴和模仿。

On|Off已成为真正的国际性展会，并且是伦敦、米兰和巴黎三大时装周的重要环节。

请告诉我们一些On|Off最值得纪念的成就。

这本就是一条难忘而充满挑战的征程。令我印象最深的有4件事情。2006年，我们本打算在皇家艺术学院举办展览，但在距展会日期不到两周的时候，突发大火，办展建筑部分被毁，我们不得不辗转到皇家园艺馆。On|Off团队在这场考验中，没有一个设计师退出。

我们用心筹办行业派对，在伦敦与马克·艾蒙（Marc Almond）和灵魂相对乐队（Soul II Soul）合唱，还有最近Jessie J 参加了我们在巴黎时装周上的派对，这些都是令人难忘的事情。还有，像设计师加勒斯·普（Gareth Pugh）、帕姆·霍格（Pam Hogg）和查理·乐·明杜（Charlie Le Mindu），在时装秀里那样，把头发梳到一侧。我们还帮助彼得·皮洛托（Peter Pilotto）、马克·法斯特（Mark Fast）、杜旸（Yang Du）、奥斯曼（Osman）、埃米利奥·德·玛利亚（Emilio De Le Maria）和汉娜·玛韶（Hannah Marshall）等设计师开拓事业。

但最让人激动的是，在同一场时装秀上，我们先是在后门碰上了安娜·温图尔（Anna Wintour），然后居然又在前门碰到了迈克尔·肯特公主殿下（HRH The Princess Michael of Kent）！还有第一次陪伴伊莎贝拉·布罗（Isabella Blow）参观展览。她常跟设计师待在一起，而设计师也都很喜欢她。

01— 查理·乐·明杜 (Charlie Le Mindu)

发型设计师查理·乐·明杜在On|Off展会上发布系列作品。这是2011秋冬系列，名为“Berlin Syndrome”。

摘自：Lee lapthorne

01

当为客户服务时，你怎样兼顾自己的想法与客户要求？

关键要灵活，懂得妥协，要善于沟通明确并且具有良好的专业素养。

一定要了解客户的经营状况以及他们想达到的目标。Doll非常善于营造创意环境，并能很好地反映品牌特征。我常会围绕主题设计一系列展示方案，来表达我的想法。做方案时，我会参考大量的资料，包括现代艺术、设计、戏剧、电影、音乐等，只要我感觉相关的，都拿来为我所用。我利用各种展示方式，不管是PowerPoint、YouTube视频、绘画、插图、音乐还是我自己拍摄的照片，只要能表达我的想法就行。我的目标是：打造一场所有观众都能体验的令人难忘且个性鲜明的时装秀。我热衷于将艺术、设计师和观众体验融入到时装秀之中。总之，细节决定一切。

你最喜欢你工作的哪一方面？

多样性。每个客户、每项任务都是不同的，我喜欢这种挑战。在支持设计、传播设计方面，我们的业绩超越了促销广告的作用，显示了我们团队良好的专业素养，也体现了我们对设计行业的信心。另外，能与有天赋的创意人才合作让人感到非常兴奋。

你对未来有怎样的规划？

对于Doll：我很喜欢跟那些追求标新立异，想举办大型盛会的品牌合作。我希望多接一些能利用多媒体进行编导和工作的大型项目。

对于On|Off：每一季我都会反思我们为什么以及如何才能做到持续地成长和发展。我总是在寻找能挑战自我，让我全心投入的新机会。On|Off已发展成了国际品牌，那么我希望能与其他时尚中心有更密切的合作，从而搭建一个真正的全球性合作平台。我还有兴趣利用电子商务来为我们的设计师提供更多的支持和帮助。

作为一个成功的合作平台，On|Off会尽全力推出最优秀的创意与设计人才。我希望能帮助有天赋的设计师，只要我碰到了！

01~03 — On|Off
On|Off在伦敦时装周期间举办，意在展演设计新秀的作品。On|Off已支持了170多名设计师和艺术家。帕米·霍格（Pam Hogg）也是受On|Off支持的设计师，他在2008年重回时装界。
摘自：Lee Lapthorne

01

02

03

1.6 问题讨论 活动建议 扩展阅读

问题讨论

1 联系社会、文化和政治背景，对时尚的各种定义进行评价。

2 讨论为什么时尚会随时间不断变化。认真思考蕴藏在这种变化之中的时尚本质。

3 联系数字化科技和成衣生产，讨论高级女装在21世纪里的价值和意义。

活动建议

1 找一个现代服装流行趋势，分析其演变过程和对市场的影响。接着，基于个人调研和对设计主题的分析，挑选图片和艺术作品，制作一个流行趋势概念板。

2 选择一个快速时尚品牌和一个生态时尚品牌，比较两者的设计理念和季节性产品，想想二者在哪些方面可以互相借鉴和学习。要求分别为两个品牌创作一个故事板（Storyboard），并把故事板与一个潜在的设计主题联系起来。展示你的故事板，并批判性地解析两个品牌的商业模式。

3 搜集各种现代服装广告，评价它们的视觉意象以及相应品牌所要表达的时尚理念或生活方式。根据你所搜集的广告写一篇评论文章。联系特定的社会文化背景，思考这些广告对时尚理念的表达是否恰当。

扩展阅读

服装即建筑，关乎比例。

可可·夏奈尔(Coco Chanel)

Barnard, M
流行沟通(Fashion as Communication)
Routledge, 2002

Barnard, M
时装理论(Fashion Theory: A Reader)
Routledge, 2007

Barthes, R
时装语言（The Language of Fashion）
Berg Publishers, 2006

Breward, C
时装文化：流行时装发展史（设计与材质方面的研究）The Culture of Fashion: A New History of Fashionable Dress (Studies in Design & Material Culture)
Manchester University Press, 1995

Buxbaum, G
20世纪时尚偶像Icons of Fashion: The 20th Century (Prestel's Icons)
Prestel, 2005

Craik, J
时尚概念Fashion (Key Concepts)
Berg Publishers, 2009

Entwistle, J
时髦的身体：时尚、衣着和现代社会理论(The Fashioned Body: Fashion Dress and Modern Social Theory)
Polity Press, 2000

Ewing, E
20世纪服装发展史(History of 20th Century Fashion)
Batsford Latd, 2005

Hebdige, D
亚文化：服装风格的意义Subculture: The Meaning of Style (New Accents)
Methuen Publishing Ltd, 1979

Jackson, T & Shaw, M
时尚手册（传媒业者书系）The Fashion Handbook (Media Practice)
Routledge, 2006

Jones, T
当代时尚2 Fashion Now: v. 2 (Big Art)
Taschen GmbH, 2008

Koda, H
至美：身体的修饰 Extreme Beauty: The Body Transformed (Metropolitan Museum of Art)
Yale University Press, 2004

Lee, S & du Preez, W
塑造未来：明日衣橱 (Fashioning the Future: Tomorrow's Wardrobe)
Thames & Hudson, 2007

Martin, R; Mackrell, A ; Rickey, M & Menkes, S
时尚之书(The Fashion Book)
Phaidon Press, 2001

Mendes, V & de la Haye, A
20世纪服装(20th Century Fashion)
Thames & Hudson, 1999

Svendsen, L
时尚哲学(Fashion: A Philosophy)
Reaktion Books, 2006

Wilcox, C
激进时尚(Radical Fashion)
V&A Publications, 2003

London Fashion Week
www.londonfashionweek.co.uk

Milan Fashion Week
www.cameramoda.it

New York Fashion Week
www.mbfashionweek.com

Paris Fashion Week
www.modeaparis.com

Lagerfeld Confidential
DVD, 2007

Marc Jacobs & LouisVuitton
DVD, 2008

2 时装画

目标

了解绘制时装画的工具与材料

理解时装画人体比例

思考时装画和视觉设计作品当中的线条特征与人体动态与姿势

学习时装画人体的表现技法

认识各种时装画风格

找到适合绘制时装画的数字绘画软件

01 — 时装画
铅笔绘制的时装画，灵感来源于摄影师理查德·布什（Richard Bush）为Numero杂志拍摄的照片。
摘自：Mengjie Di

2 时装画

2.1 时装画工具与材料

纸张

时装画的工具与材料既包括各种手绘工具，也包括计算机辅助设计（CAD）软件。这两类工具可以单独使用，也可以混合使用。勤于练习才能提高绘画水平，有良好的鉴赏力和清晰的目标也很重要。

选择合适的绘画工具与材料非常重要。首先要考虑的是纸张类型，因为绘画工具要适合纸张品质才行。最基础的就是辨认纸张的正反面，评估其手感与克数。艺术用品供应商已开发出各种专用画纸，我们可以根据需要来选择。主要纸品有以下几类。

白报纸（Newsprint）

这种纸很轻而且便宜，适合用炭笔和色粉笔来作画。白报纸有多种尺寸，既可以用来画服装写生也可以用来画速写。它通常是用再生纸制成的，呈灰白色。

描图纸（Tracing paper）

描图纸是透明的，它表面光滑，适合用铅笔或钢笔作画。设计师常将这种纸覆盖在草图上，描出或修改下面的时装画。它常被当成工作的辅助材料，不适合直接画艺术作品。

多用途羊皮纸（Multimedia vellum paper）

这种白纸很好，用途广泛，适合用各种手绘工具作画，如铅笔、马克笔、油性粉彩笔。作品集当中的艺术作品就可以拿它来画。

马克纸（Marker paper）

这种纸是半透明的，是马克笔专用纸。马克纸不渗水，很适合画色彩画和工作草图。

草图纸（Layout paper）

这种白纸很轻，半透明，常用来画线稿或设计草图。设计师既可以用它来复制，也可以用铅笔或墨水在上面作草图。

高级绘图纸（Bristol paper）

也叫西卡纸。这种纸采用高防透处理，可以用来画参展的艺术品。高级绘图纸很适合用铅笔、绘图笔（Technical pens）、钢笔和笔刷等工具来作画。这种纸的背面也能用，适合用粉笔和炭笔等工具作画。

01 — 工作台

无论是手绘还是用电脑工作，安排一个舒适的工作台都是很重要的开端。

摘自：Mengjie Di

01

手绘工具

除了选用合适的纸张，服装设计师还要根据自己的喜好选择各种手绘工具。下面介绍的是一些最常用的绘画工具：

铅笔（Pencils）

铅笔是服装设计师用得最多的工具。铅笔有不同的硬度，最硬的是9H，最软的是9B。大多数服装设计师用的石墨铅笔硬度在2H至2B之间。软性铅笔（标有B）特别适合画时装草图，能随着下笔的轻重缓急形成有表现力的线条。

彩色铅笔是服装设计师常用的另一种工具。彩色铅笔用颜料和黏土制作，可以单独使用，也可以与马克笔和水彩笔等其他工具混合使用。我们可以用彩色铅笔为时装画渲染面料和添加细节。

马克笔（Marker pens）

1960年毡头马克笔的出现改变了时装画风格，这种风格延续至今。用马克笔可以快速画出色彩丰富的涂层效果。毡头马克笔的笔尖有很多种，它们非常适合用来绘制表现力强、让人印象深刻的速写感觉的作品。

绘图笔（Technical pens）

绘图笔的笔尖精细，能画出流畅的线条，常被服装设计师用来画线稿和平面款式图。相对矢量绘图软件如Adobe Illustrator，绘图笔简单易用。你可以只用绘图笔作画，也可以将它与其他工具混合使用。

炭笔（Charcoal）

炭笔是画写生的好工具，用它在白报纸和纹理纸上作画会有很好的效果。炭笔有炭条状的和铅笔状的，能画出粗犷的线条和浓烈的色调。用炭笔作画就得酣畅淋漓，画得精细还在其次。

粉彩（Pastels）

如果想要画出色彩鲜艳的时装画，设计师可以选用油性粉彩。在油性粉彩中加入松节油进行溶解和涂抹，能产生柔和的色调，使画面有油画般的效果。你也可以将它与其他材料混用，如瓷画笔或广告画颜料。

色粉笔相对油性粉彩而言，是干粉质的，由石灰岩和颜料混合而成，上色效果浅淡。用色粉笔在白报纸上作画的效果很好。写生或画时装画时，可以刮取色料进行涂抹与混合，形成新的色调。

瓷画笔（Chinagraph pencils）

瓷画笔也叫中国马克笔，是一种坚硬的蜡质铅笔，看起来像彩色蜡笔，笔芯外围裹着一层纸，用到哪儿就撕到哪儿。在画时装写生时，瓷画笔是软性碳笔的理想替代品。相对于表现细节，它更能表现出粗犷的线条，用来加强线条的表现力。

钢笔和墨水（Pen and ink）

以前设计师画服装效果图常常用钢笔和墨水，可如今它们已被马克笔取代了。但是钢笔与墨水在时装画中表现出的独特效果是其他工具无法替代的。用尖头笔或笔刷蘸墨水能画出各种水印效果。Sable钢笔质量最好，有多种尺寸可供选择。服装设计师与插画师都对印度墨水情有独钟。尽管计算机软件能模拟出钢笔与墨水的绘画效果，但许多插画师仍然坚持用这两种材料作画。毕竟手绘过程充满乐趣，融入了个人情感，创作出的艺术作品更加富有感染力。

广告画颜料（Gouache）

广告画颜料是为设计师而非艺术家研发的一种不透明水彩颜料，用它能画出平整均匀的色块。在20世纪30~50年代这段时间里，广告画颜料很受服装设计师欢迎，现在它常被用来画时装插画。时装画的终稿还是用画笔蘸广告画颜料来画比较合适，比用马克笔效果好。

水彩画颜料（Watercolour）

用水彩画颜料能创作出水印效果。水彩可以单用，也可以与钢笔或描线笔混用，但千万不要反复涂抹，也别画在不透明的色彩上面。水彩很适合表现轻薄的面料和柔美的印花，常在女装设计稿中应用。

我是服装设计师而不是艺术家，因为我创作的东西是要被销售、使用，最终遭到遗弃的。 **汤姆·福特（Tom Ford）**

01 — 绘画练习
练习绘画时一定要观察仔细，眼与手配合协调。练习多了，就会越发自信，就能提高绘画鉴赏水平和创作技巧。
摘自：Alick Cotterill

01

2.2 时装画人体

设计师眼中的时装人体是美化后的理想人体造型，常被用以表现设计概念或者理想的服装款式。设计师在时装画人体模板或草图（croquis）的基础上，设计并描绘出服装款式。使用人体模板能简化设计过程，学生和设计师应学会建立人体模板，并勤加练习。优秀的时装画看起来举重若轻，似乎毫不费力，不能过度描绘，过犹不及。这对许多服装设计专业的学生来说颇有难度，甚至被认为是一种挑战。但是，只要多观察，勤练习，常接触形式多样的时装画，你就能够逐渐形成自己的绘画风格，并不断提高。

时装画最大的特点就是，在形式上不写实，注重局部，比例夸张。时装画着重表现一种理想化的形象，而非精准的自然人体。因此，时装画并不局限于写实风格。设计师可以根据设计需要，把人体比例进行局部夸张和强调。基于这一背景，我们此处所指的就是象征性时装人体画，而非写实人体画。尽管服装设计专业的学生应该学习人体写生，但是画写生的目的并不是要写实，而是要练就一个在观察真人模特时能一下子抓住关键信息的敏锐眼力。最终你画出来的东西，取决于你所观察到的内容和你所采用的表现方法。观察站立的时装人体首先要找出平衡线与重心，因为这直接影响到时装人体的站立方式。对称的站姿在研究服装比例时很有用，但是很少用在个性化的时装画中，相比而言，不对称的姿势更有表现力。

草图（Croquis）
法语词，意为草图"Sketch"。指的是用快速、轻松随意的方式描绘出的时装画。

01 — 人体写生
人体写生是研究人体的最佳方法，因为我们可以从各个角度，对各种姿势进行观察。画时装画一定要依据真实人体。
摘自：Alick Cotterill

01

比例

时装画人体的高度是以头长为单位来计算的。时装画中的女性人体，站立时的身高可达9～10个头长。这种人体比例在现实生活中并不存在，但在时装画中却是公认的最佳比例。

站立的女性人体，从纵向可被粗略地分成三等分。第一部分是从头顶到腰部；第二部分是从腰部到膝盖；最后一部分是从膝盖到脚尖。从膝盖到脚尖的长度可以灵活调整，拉长这一部分，就能使人体达到9~10个头长的高度。

从横向看，站立的女性时装人体有三条主线：肩线、腰线和臀线。这三条主线都会随着人体重心的转换而发生变化，依据是人体的重心是否从一条腿转移到另一条腿上。

平衡线

要想让时装人体“立”在纸上，就必须理解平衡线。这是一条假想的直线，从领窝垂直到地面。当站姿对称时，平衡线会均匀地落在两腿之间。但是一旦人体将重心移向某一侧，平衡线就会落在承受重心的那条腿的脚上。这时就要把承受重心的腿从臀部到脚底画成一条明显且优美的曲线。臀部的角度可以根据重心变化做出调整，重心一改变，沿着躯干往上，肩线也随之发生变化。手臂和非支撑腿可以设计成各种姿势，最好根据需要巧妙安排。

线条的表现力直接影响时装画的好坏。线条有粗细之分、速度之别和质感之差异。缓慢画出的线条与迅速而用力画出的线条，各有其特点。有个性和感染力的线条能将一幅时装画提升成为一件艺术作品。有表现力的线条还可以起到强调时装画的局部特点的作用，比如服装细节、面料质感和廓型特征等。优秀的时装画往往是线条的完美组合的结果。但在时装画中，线条讲究肯定和准确，宁缺毋滥。好的时装画会用最直接的方式，表现出最关键的信息，无须依赖过多的细节刻画或不必要的明暗调子。

01 — 时装画
马克笔色彩丰富，用它作画快速方便。
摘自：Hanyuan Guo

01

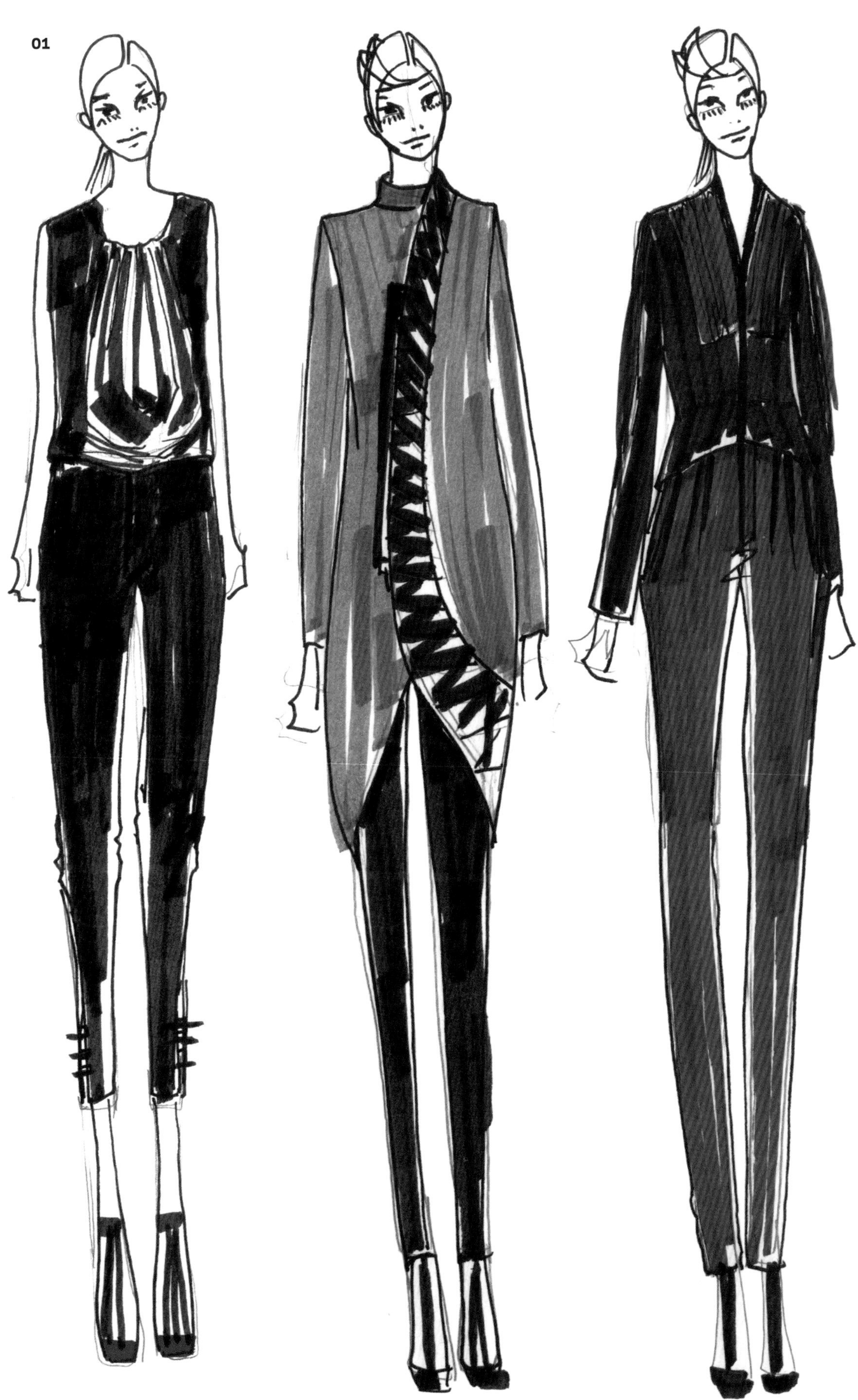

创作姿势和动态

动态是时装画不可或缺的组成部分。通过动态能非常直观地传达态度或暗示情绪，这样有助于展现设计或让设计作品具有识别度。那么，如何选择合适的动态呢？有一个很好的办法——收集时尚摄影中的人体动态，并加以分析。从中你会发现，时装模特摆出的姿势丰富多样，但每种姿势都是摄影师为了营造某种气氛或传达某种理念，而经过深思熟虑后摆出来的。同样，在画时装画和时装插图时，也要将人体动态作为一个重要部分进行认真考虑。

在画面中，应该让时装人体的支撑腿靠近平衡线，手臂和非支撑腿则可以根据动态巧妙安排，画成各种姿势。如果是刚开始学画时装画，对着照片描摹的方法很有用，并且对观察性绘图也很有帮助。创作人体草图时，可以参考照片来画，但是要记得夸张变形，将人体拉长到9～10个头长。这样才可以创作出更精美和比例更匀称的时装画线稿。

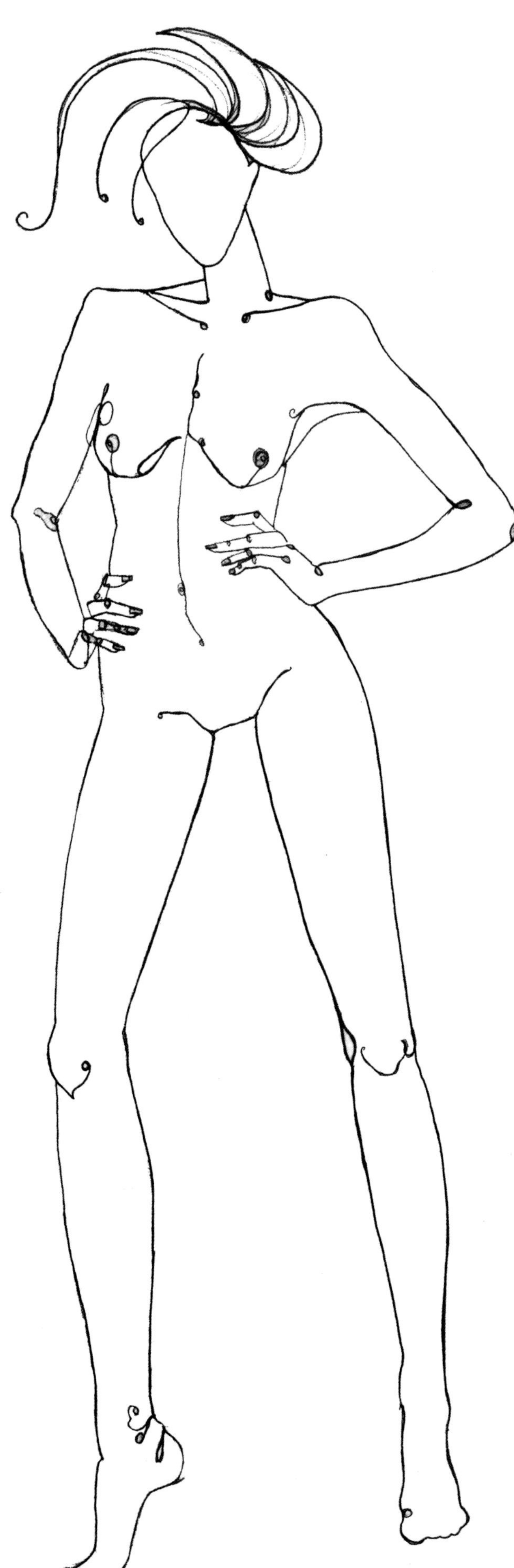
01

01 — 线稿
画时装人体要求画者抽象表现并美化模特原型，用最少的线条表达出最丰富的信息。
摘自：HollyMae Gooch

头、脸和发型

和在现实生活中一样，时装画中的脸和发型反映了流行趋势与文化偏好，也传达了年龄、情绪、种族和个性等信息。时装画的主要目的是表达设计，所以画脸不要太过，不能喧宾夺主，要着重考虑眼睛和嘴唇等脸部特征，鼻子和耳朵可以简略。

脸型很重要，对于女性来说，椭圆形脸最为理想，双眼拉开距离，最好画在脸长一半的位置。跟现实生活中一样，眼睛最易表露情绪，能一下子抓住观众视线，画的时候一定要慎重考虑。上眼睑和睫毛可以用厚重模糊的线条加以强调，鼻子要小心地画在眼睛和下巴之间。用一条线勾出鼻子的半边轮廓就行，再用稍粗的线条或圆点表示鼻孔，鼻子就画完了。嘴巴在鼻孔的正下方，上唇突起，画成张开的“M”形，下唇曲线要画得圆润。女性下颌的线条不要画得太重，要画成优美的圆弧。脖子可以画得细长一些，显得纤弱。

发型应该体现流行品位与风格。虽然头发不能画得过于突出，但忽略发型也会让时装画大打折扣。不同风格的发型，所采用的线条也应该有所不同。

02 — 脸的绘画步骤
画头部和面孔时，一定要仔细观察五官比例，画出面部特征。发型有时也很重要。
摘自：HollyMae Gooch

02

手、胳膊、腿与脚

时装画中的手、胳膊、腿与脚都关系到整个人体的平衡性以及动态，尽管有时不会把它们全部画出来。模特的四肢动作应结合服装与鞋子的设计来安排。一般来说，画四肢与脚的时候要尽量只用几根长而连续的线条来表现，不要用“琐碎”的线条。

女性的肌肉不必刻意强调，而胳膊和腿则要用一些长而优美的曲线来表现。画腿时，主要考虑大腿、膝盖和小腿这几个关键部位。这些部位相互关联，且形状各异。从臀部开始往下画，着重画出整个腿的外侧轮廓线。画膝盖和脚，包括微微凸起的脚踝时，要格外小心，画准它们的曲度。脚上通常是穿着鞋子的，若是穿着露趾凉鞋，脚就要画得细长一些，把脚趾的立体效果画出来。

尽管女性的手在时装画中不必刻意强调，但也应该加以考虑，因为手势能增强时装画的表现力，是一幅时装画成功的重要因素。只画出手的外形而不画出手指是不对的。手与手腕相连，手掌曲线柔和，手指纤细。

01 — 手
手的习作
摘自：HollyMae Gooch

02 — 脚
脚的习作
摘自：HollyMae Gooch

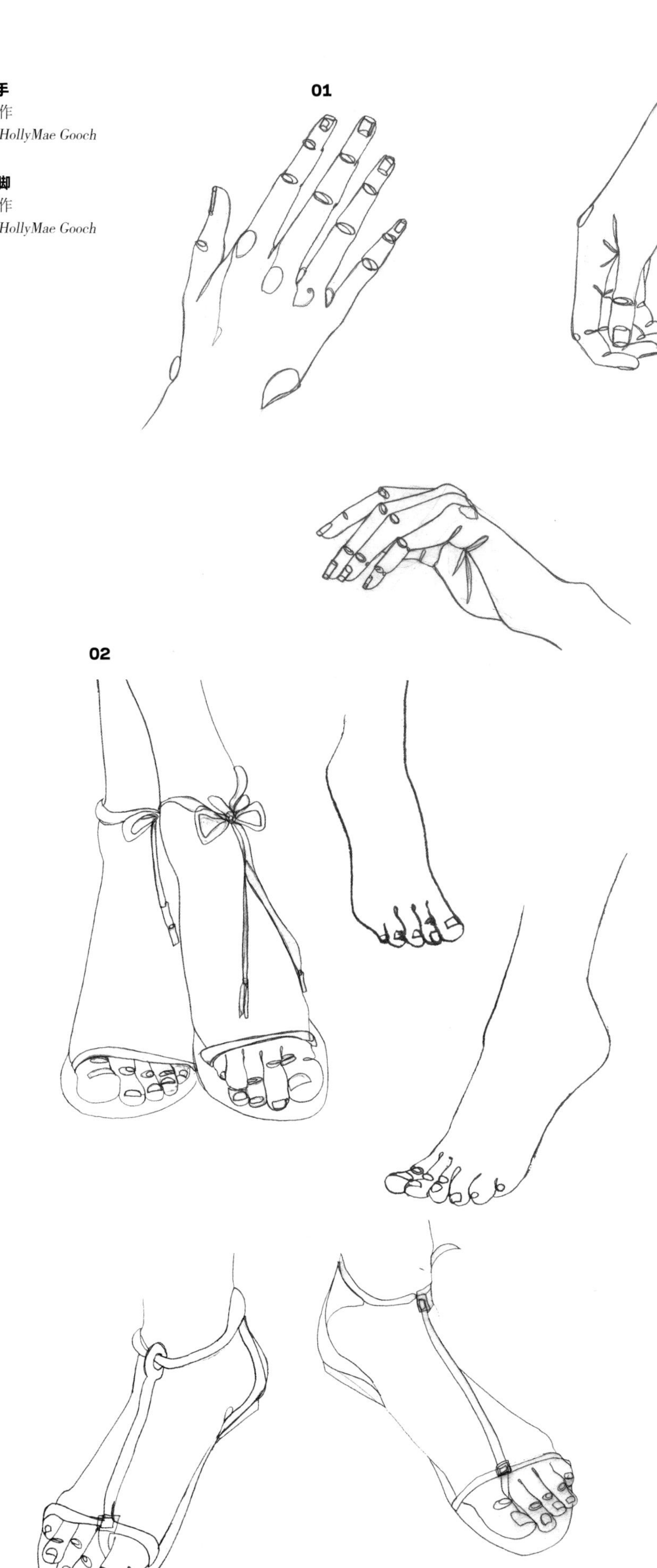

廓型

在时装画中，服装廓型指的是着装人体的整体外轮廓。有的服装廓型顺着人的体型走，而有的通过服装体积或结构的夸张变形故意掩盖人本身的形态。服装廓型形象地记录了服装发展史上的重大变迁，如19世纪初期出现的高腰线帝政式连衣裙，20世纪80年代风靡巴黎时装秀场的宽肩造型。从服装设计的角度来看，裁剪、合体度和宽松量等设计元素决定了服装廓型。单件的服装，如裙子或裤子对整体服装廓型也会产生影响。

不论是画单件服装还是画系列服装，都要观察服装的裁剪和垂感是否有美感。时装画不仅要求服装廓型时尚，还要表现出人体三维形态。相对设计草图或线稿，时装插画有更加自由的艺术表现空间。于是，有的时装插画师的作品大胆且富有戏剧性，也有的充满了浪漫情调。然而，最优秀的插画师一定对面料与工艺非常了解，他们善于利用这两种元素表现服装廓型中的线条或服装之下的人体动态。时装画的线条要丰富多变，有时需要突出人体廓型，有时需要将观众的视线引导到设计点上，画者就要根据这些来改变线条的轻重缓急。

03 — 廓型
男性和女性人体习作，用钢笔与墨水所画。
摘自：Mengjie Di

03

男性时装画人体

画男性时装画人体同样要靠个人感觉，画面的侧重点也可以随意而定。但是要遵循一点，相对女性时装画人体比例，男性人体的比例没有那么夸张。

除了明显的生理结构的不同，男性时装画人体区别于女性最主要的地方，就是肌肉。男性的肌肉更发达，并且决定了某些纵向的比例特征。尽管可以把站立的男性时装画人体画成9个头长，甚至10个头长，但绝不能靠画长小腿来拉长整体比例，而要通过拓宽胸部、夸大躯干画出来。年轻的男性时装画人体应该显得健康有活力，如果画一男一女并肩而立的情形，那么一定要保证他们起码一样高，或是男性稍微高一点。

男性的脸不像女性的那么圆润，画的时候，把下巴的线条画得方正一些，还可以加个酒窝。嘴巴不用画得很明显，可用短直的线条来表现。浓重的眉毛、直挺的鼻子都应该刻画出来。男装插画会更多地参照真实的面部特征与服装细节。如果有必要，可以画出胡子，但满脸胡子却要不得。脖子要画得比女性的粗，不能拉长。画男性，重点集中在胸和肩。肩一般画得较宽，胳膊上的肌肉要画成块状。腰部不要多画，并且位置偏下，这样才能突出上半身和胸膛。腹肌有时也可以画出来。男性的臀部凸起小，曲度也小，所以基本上可以与大腿画在一条直线上。

01 — 男性动态
坐着的戴帽男性，用钢笔与墨水所画。
摘自：Mengjie Di

02 — 男性人体
男性时装画人体一般没有女性人体那么夸张，要重点刻画肌肉。
摘自：HollyMae Gooch

01

少即是多。

路德维希·密斯·凡德罗（Ludwig Mies Van Der Rohe）

02

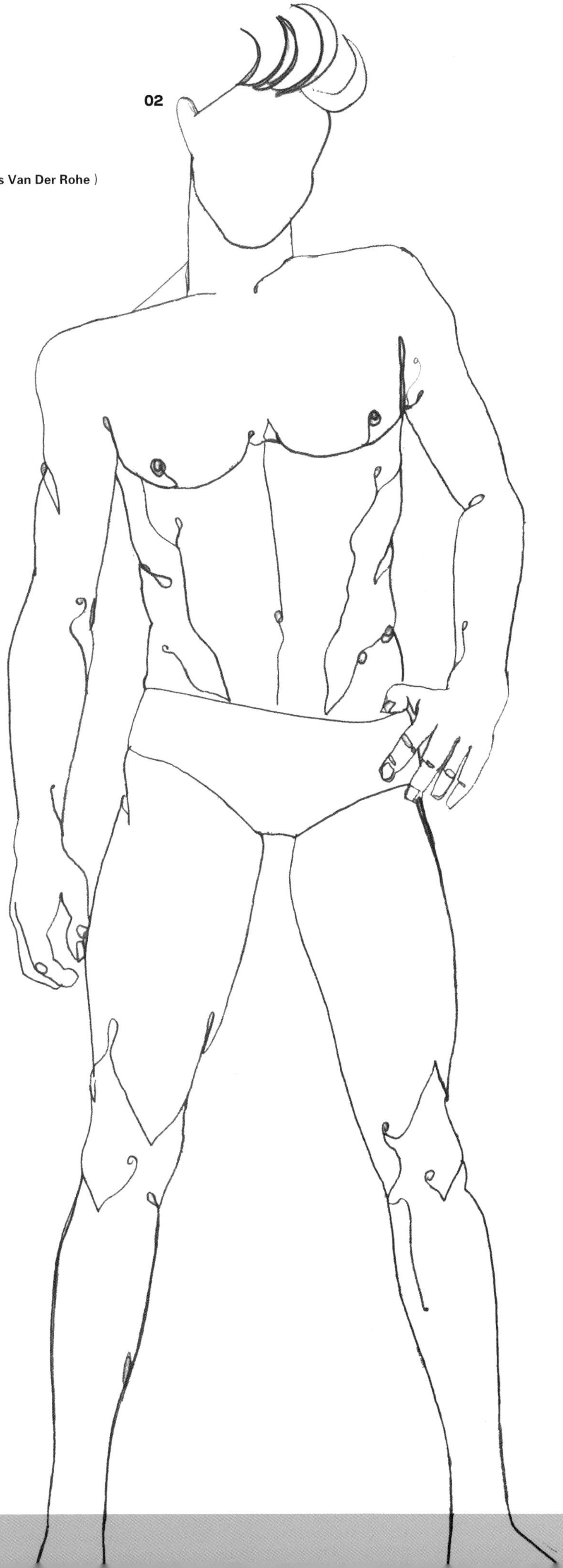

画男性人体

画好男性人体须谨记一点：男性身体最宽阔的部位是胸膛和肩部，臀部一定要画得比它们窄很多。腿要画出肌肉感，并且要画得比女性的粗一些、短一些，膝盖骨和脚也要更明显，甚至可以把脚夸大，画得有棱有角。小腿和脚踝也要刻画出来。画支撑腿就不需要这么讲究，曲线可以少一点，因为男性的骨盆不太明显。手可以画得很突出，手指就按真实的比例来画，而手腕要画粗一点。

写生时，一定要先观察动态再开始动笔。除了老老实实地分析每个动态的构成元素之外，并无捷径可走。平衡线的原理在画站立的男性时同样适用，不同的是，男性的动作与姿势要比女性更微妙。从时尚杂志中搜集一些男性模特或运动员的照片对于画男性人体将很有帮助。在没有真人模特可参照的情况下，从这些照片中，你可以学会如何画出正确的人体动态。人体动态应该能展现服装特点，比如正装之类的设计就不大适合用矫健的姿势来表现。

01　Yuan Shijing

01 — 男装插画
从杂志中搜集一些男性模特的照片，并加以分析，对于准确地画出各种姿势非常有帮助。
摘自：Shijing Tuan

02 — 手的习作
男性的手比女性的要宽厚突出。
摘自：HollyMae Gooch

02

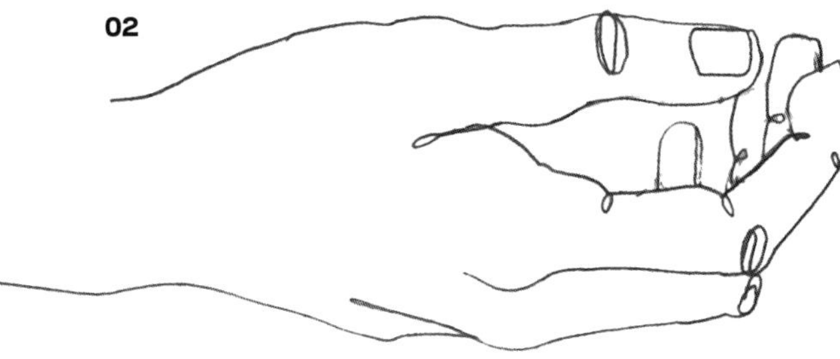

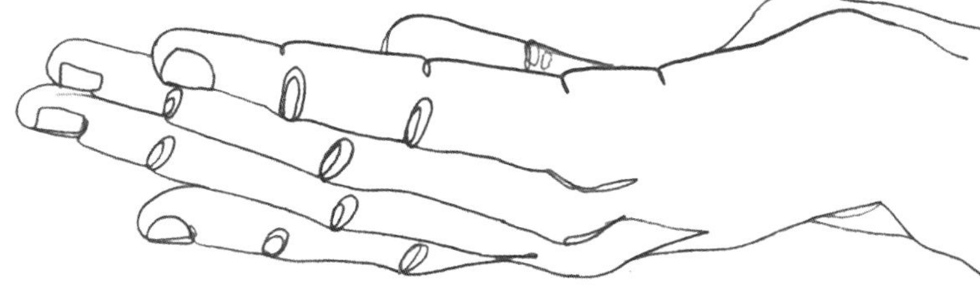

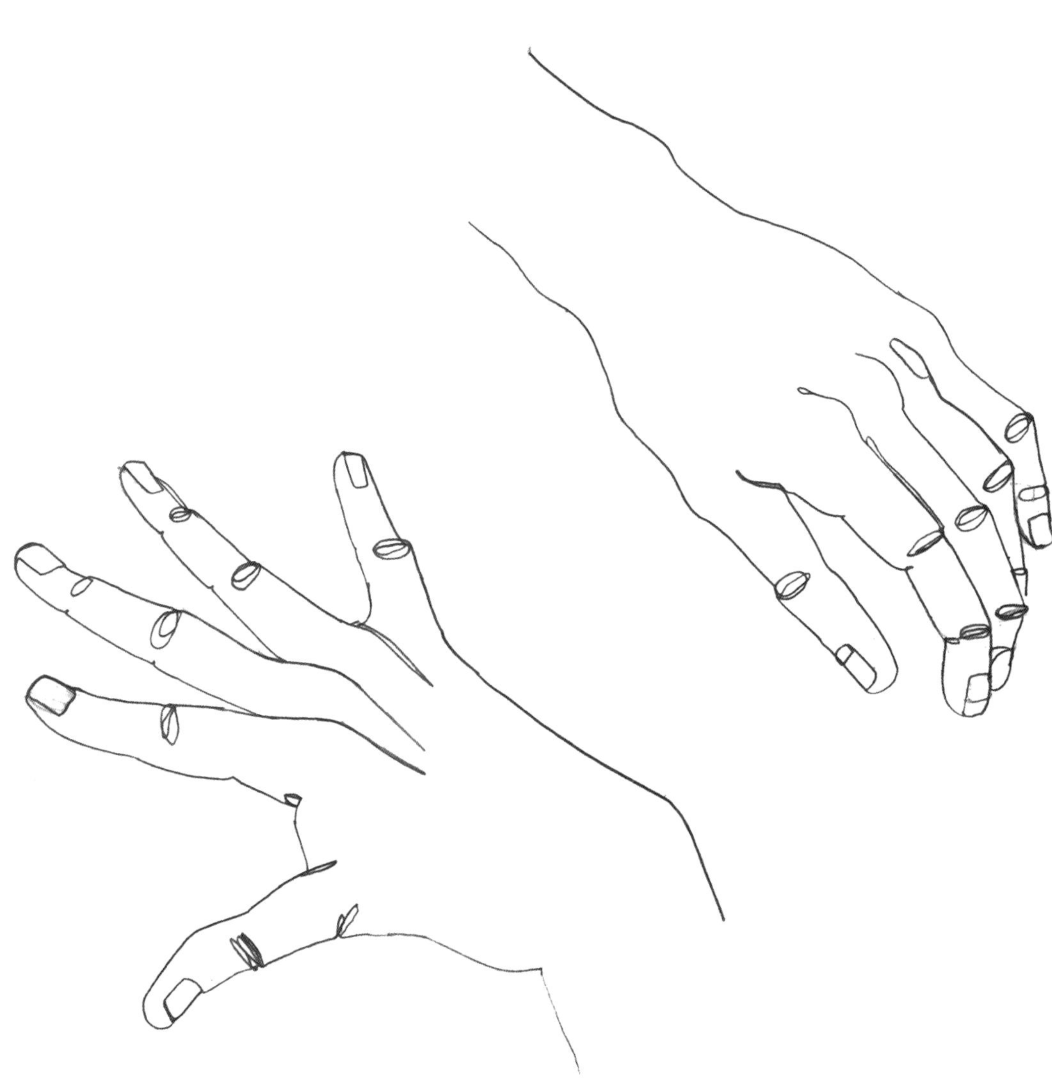

2.3 服装款式图

绘制服装工艺图与平面款式图

服装款式图包括平面款式图和工艺图，它们在服装行业中各有用处。服装平面款式图指的是单件服装或系列服装的线描图，看起来像是将服装平摊开来，从正上方观察，并加以描绘的。平面款式图提供了服装设计的技术信息，如基础外形和裁剪，可以与设计稿或效果图画在一起，共同传达设计信息或形成更好的表现效果。

服装工艺图是用工整的线条对单件服装的细节进行描绘，用作生产技术文件。它是为了明晰并说明一款设计在生产时的各个技术要求，如尺寸和测量部位，而不是为了表现艺术价值。服装工艺图还可能包含生产、缝制和辅料等方面的技术信息。

成衣设计师必须要有画服装款式图的技能。大多数服装专业的学生对服装工艺图和平面款式图都比较熟悉，但似乎更愿意把平面款式图放入作品集中。平面款式图虽然有“平面”两个字，但画的时候还是要全方位地来考虑，正面和背面效果都要画。画平面款式图与画服装效果图有一个最大的区别。平面款式图是严格遵照真实人体比例（身高8个头长）来画的，因此平面款式图所表现的服装是写实性的，并且要求非常清晰地表达设计中的线条与裁剪。

平面款式图一定要画得很清楚，不同的部位可以用粗细不同的线条来表现。比如，画缝迹所用的线条可能要比缝线或口袋外轮廓线细一些（可以借助各种专用绘图笔来画）。这样一来，画面的每个部分都会一目了然。服装平面款式图可以是不对称的，比如为了展现纽扣细节把一只袖子折向一边，这样画面就不会显得呆板，还表现出了面料柔软的特性。画平面款式图不必加明暗调子，因为仅凭线条就足以表达所有的重要信息。我们在画的时候，可以先画得大一些，然后再缩小到规定尺寸，因为这样好画，而且画出来的平面款式图很清晰。画平面款式图应该用尽量少的线条来表现。所有的细节，比如缝线、褶裥、碎褶、塔克褶和折叠一定要画清楚。线条也可以用来表现服装的纵深感、体积或宽松度。要是根据模板来画款式图，人体比例最好一致，这样服装的搭配（比如裙子搭外套）才能协调。

01

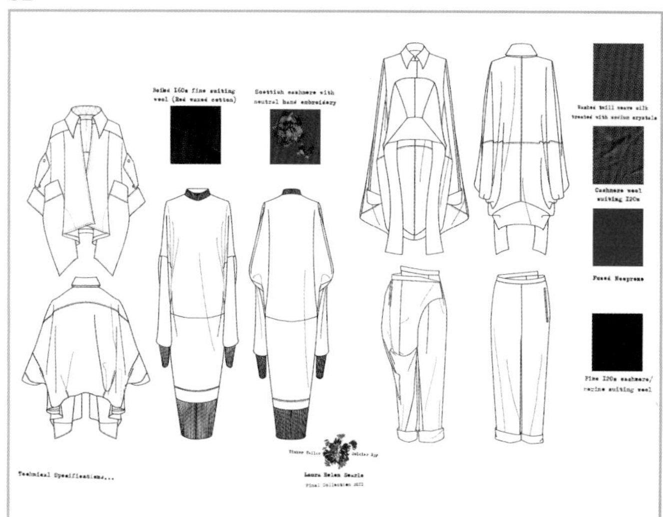

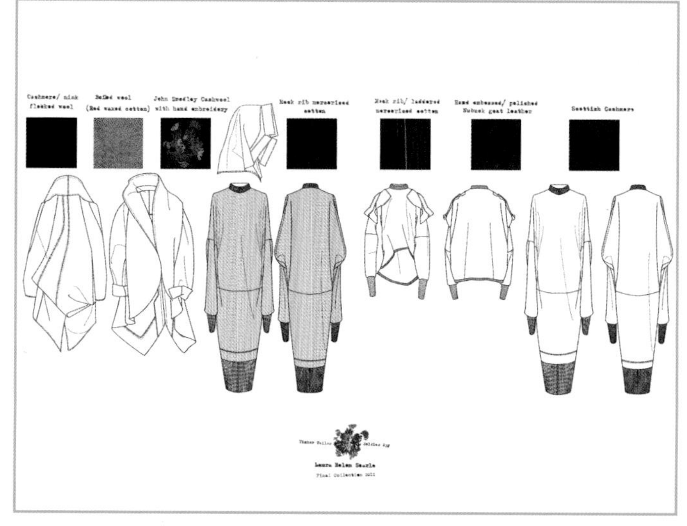

平面款式图既可以画在时装效果图的旁边，也可以单独出现或画成一个系列。这样服装设计师就能很快地统计出服装系列中的上下装数量是否匹配。平面款式图还能形象地传达出系列服装的廓型特征或关键风格。

画平面款式图有专门的矢量软件。用矢量软件画出来的款式图既准确又便于展示。但是对服装设计师而言，手绘仍然是必不可少的技能。

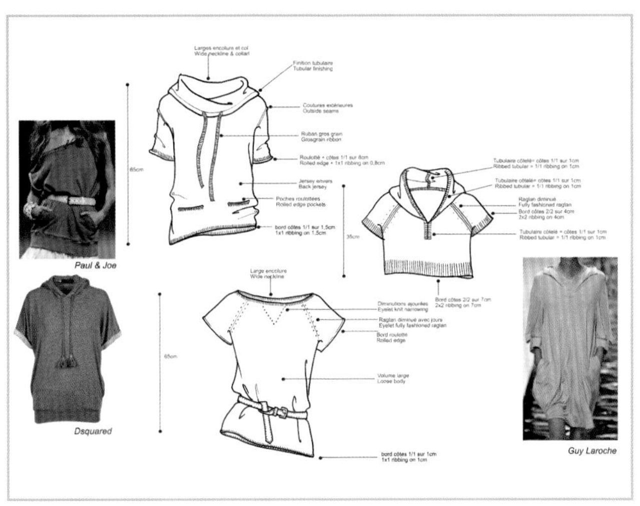

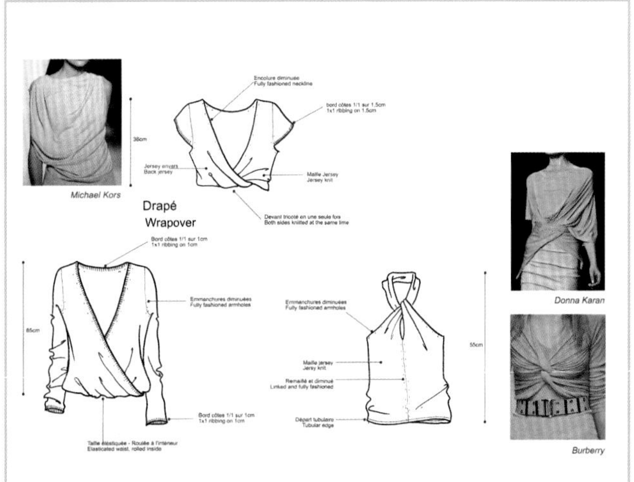

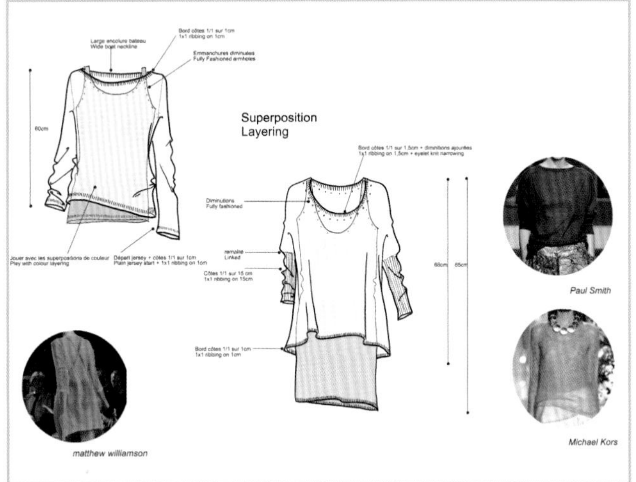

02

01 — 款式绘制
款式图和对应的面料小样（扫描图像）。
摘自：Laura Helen Searle

02 — 款式图展示板
用平面款式图来解析关键风格和服装细节。
摘自：Catherine Corcier

2.4 时装插画

时装插画是很重要的服装视觉传达方法，最初被用来吸引人们的视线。随着时间推移，时装插画在近十年来，以其文化艺术性左右着时尚界的风格与品位。

时装插画的发展

我们今天所认识的时装插画，历经了时间的洗礼，大抵受到了社会潮流的变迁，计算机技术的进步和文化艺术交流的影响。服装设计反映了当代价值体系和技术力量，同样地，时装插画也随着艺术和商业应用而不断发展。在历史上，时装插画占据着大多数时尚杂志的版面，直到20世纪60年代和70年代摄影作品取而代之。后来，一些著名的时尚杂志和欧美商业界发现了时装插画的独特魅力，时装插画随之复兴。事实上，虽然时装插画和时装摄影是不同的媒介形式，但数字图像软件的发展大大提升了时装插画的艺术魅力，并扩大了其商业应用的范围。

手绘时装插画能展现出美化后的理想时装人物。时装插画不仅要表达设计作品的外在信息，还应该能传达一种情绪或氛围，而这正是优秀时装插画最为重要的特质之一。大多数著名的时装画家，不论是过去的还是现在的，都熟知这一原则。他们对着真人模特写生，就是为了让作品更有感染力。20世纪70年代的插画家安东尼奥·洛佩慈（Antonio Lopez）和当代插画家大卫·当顿（David Downton）都是这样做的。有趣的是，大多数时装画家往往都不是服装设计师。非设计师的背景并不是个障碍，相反，这给予了插画家更多的自由，让他们能迅速抓住设计作品的大形和精髓，不会被细节所羁绊。

时装插画技巧

设计师在画时装插画时，他们所具有的专业知识会迫使他们去注重表现服装细节，如缝线和褶裥等。当然，服装设计师的作品集中需要这种有分量的时装画。但是，如果设计作品已经通过平面款式图或精细的线稿表现清楚了，那么在画时装插画时，大可以省略掉一些服装细节，集中精力去表现服装的灵魂。你可以直接应用前面所讲的时装人体绘画技巧，也可以融入个人风格。

画时装插画的媒介非常丰富，有纯手绘的，也有手绘跟CAD软件结合的。一幅漂亮的时装插画作品能为设计作品集增添创意，并能很好地展现设计师的色彩感觉和创作技巧。

01 — 时装画
钢笔墨水绘制的时装画，灵感源自设计师亚历山大·麦克奎恩（Alexander McQueen）的作品。
摘自：Mengjie Di

01

画时装人体只是时装插画的一个方面。从整体上构思作品的布局与平衡才是创作时装插画最重要的环节。在创作中，时装人体代表着实像，人体以外的区域被视为虚像。安排好了虚实像就能让人的视线集中在关键点上，不会让背景喧宾夺主。混乱的色彩和琐碎的线条只会损害画面，绝不会让时装画更漂亮，所以少即是多。好的时装画不用多画细节，而是让观者去想象。

优秀的创作能吸引观者的注意力，并将其视线引导到作品的关键点上，它让观者的眼睛自然地游移于画面的精彩部分，不会让人觉得乏味或混乱。色彩的选择和应用在很大程度上靠的是直觉，这跟个人品位相关。好的时装插画会让时装人物更具吸引力，并能提升整体形象。

01 — 时装插画
根据设计师安吉尔·桑切斯（Angel Sanchez）的作品创作的时装插画。
摘自: Mengjie Di

02 — 时装插画
优秀时装插画最重要的特质之一便是能传达某种情绪或氛围。
摘自: Daria Lipatova

01

02

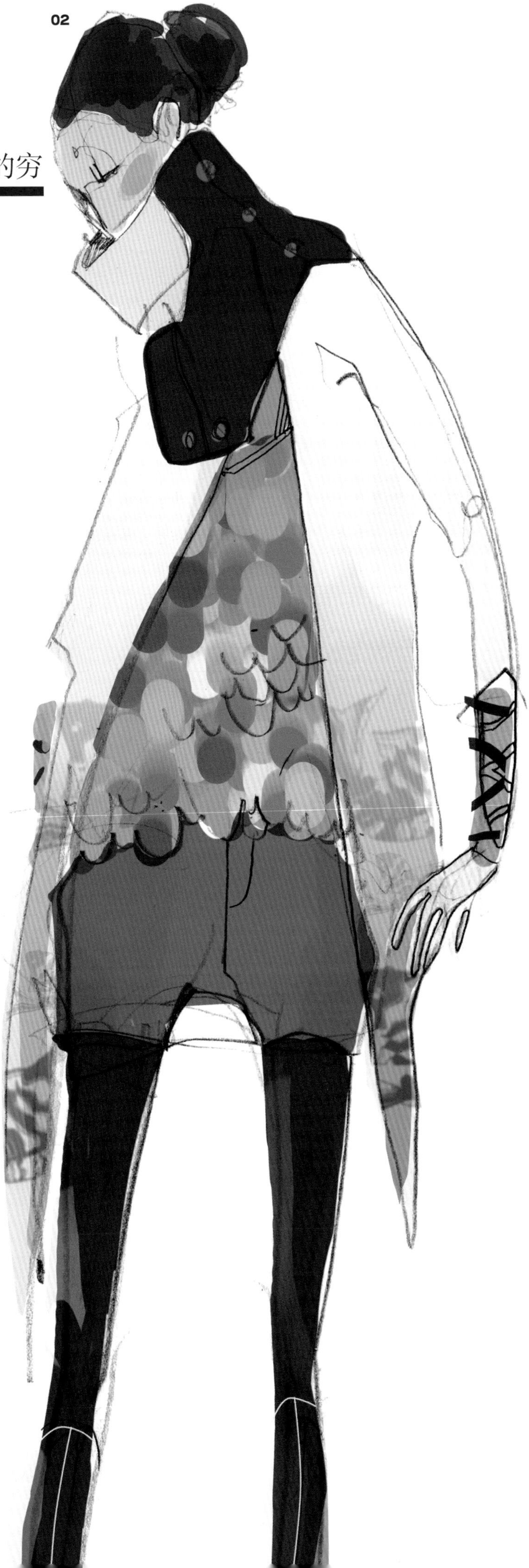

真正的创作始于语言的穷尽。 **阿瑟·库斯勒（Arthur Koestler）**

2.5 CAD时装画

计算机辅助设计，也称为CAD，提供了各种矢量图和位图软件，让服装设计师有了更多的工具可以选择。CAD软件有些是各行业通用的，有些则是专为服装行业开发的。

如今大多数服装专业的学生都接触过图形软件和各种数码工具，这些工具能简化图像制作过程。其中最常用的就是扫描仪，它可以将手绘稿或照片扫描进电脑并存储为数字图像文件。数码相机也非常有用，服装设计师可以用它来记录和收集灵感图片，日后还可以利用这些图片进行创作。

数位板和数位笔为服装设计师提供了更专业化的工具，设计师可以用它来创作手绘数码图像。虽然数码图像的质量好坏取决于所使用的矢量绘图软件，但是想要画好，还得多练习手绘。

01

01 — CAD平面款式图
计算机处理的时装插画以及对应的平面款式图。
摘自: Kun Yang

02 — CAD时装插画
计算机处理的时装插画。
摘自: Shijing Tuan

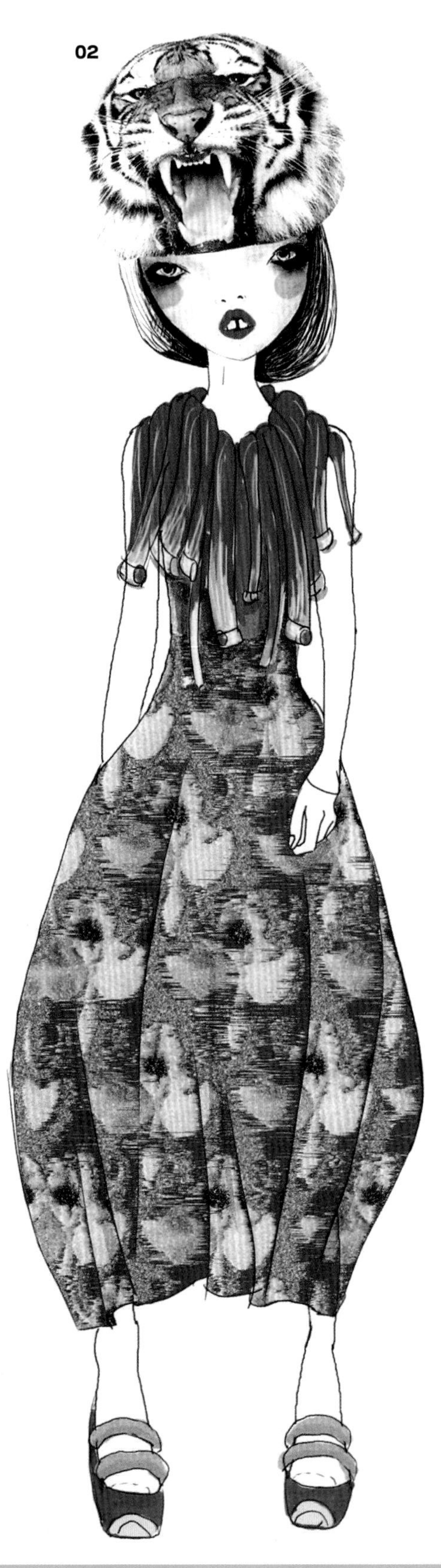

位图图像

位图图像处理软件，如Adobe Photoshop，可用以创作服装效果图。位图软件的基础是像素。像素正是构成位图图像的基本单元，并决定了可编辑图像的清晰度。软件的菜单栏包括了图像修正、修复工具和数码绘画功能。数码图像软件，如Photoshop，最主要的功能是处理和编辑扫描得来的图像或收集的图片文件。也可以先扫描手绘稿，然后导入软件，再利用图层工具进行复制、编辑、修饰或去瑕疵。Photoshop软件很适合创作混合媒介的图像，在服装效果图中应用得很广泛。

矢量图图像

Adobe Illustrator是应用得很广泛的一款矢量图软件，它有多种数码处理功能，包括导入、拼合扫描得来的位图图像，对文本和矢量图形等多种文件进行编辑。矢量图可以被任意放大或缩小而不变模糊，因为矢量图是由线段构成的，而不是像素，这就使Illustrator非常适合用来绘画和渲染。Illustrator软件除了有钢笔和铅笔工具，还有一个描摹工具，通过构建图层它能描摹并保存手绘稿。填充色彩和笔触选项能模拟各种手绘风格和笔刷效果。除此之外，软件里还有潘通色（Pantone）之类的数字色彩库，面料经扫描后生成的图像也能导入软件，并进行设计应用。

服装软件

许多IT公司已开发出各种服装专业软件，其中最著名的是法国力克（Lectra）和美国SnapFashun。

力克专为服装展示设计开发了一款基于Windows操作系统的图像软件包。它可以用来设计主题板、故事板、服装平面款式图和效果图。力克开发的服装设计软件以省时省力为优势，比如项目导向型的矢量绘图和面料色彩搭配方案，还有“拖放”技术，这让数码“菜鸟”也能创作出漂亮的时装展示图。面料经扫描后生成的图像也能很方便地导入到作品中去。

01

01 — 系列时装插画
采用CAD技术处理的微型系列时装插画。
摘自：Laura Helen Searle

SnapFashun是专为服装行业而设计的一款数字图像库。在它庞大的图像库里，有着成千上万的男装、女装和童装矢量图像。SnapFashun同时还提供了丰富多样的服装细节，如领子、口袋、袖子、门襟和腰带。这些都可以在服装设计中运用，并且能按需要进行放大、缩小。在用Adobe Illustrator或Micrografx Designer这两款软件绘制数码图形或平面款式图时，能快速地形成矢量图像。由于能迅速看到效果，因此这种专业软件非常适合用来设计成衣廓型和细节。

CAD为服装设计师的创作构思乃至服装设计的各项工作（如绘制服装款式图和画时装画）都提供了更多的条件与机会。服装行业越来越重视CAD的应用技能。

2.6 访谈录（Q&A）达莉亚·里帕托瓦（Daria Lipatova）

姓名

达莉亚·里帕托瓦

职业

服装设计师和插画师

网址

www.deviantart.com

简介

我一直都对视觉艺术感兴趣，不论是各类书籍插图和卡通，还是古典艺术作品。我很小的时候就喜欢画画，然而当时我年纪太小，没太认真、严肃地训练绘画。虽然如此，我的绘画技巧还是很好的。这让我有了在两项创意类专业中进行选择的机会——动画设计和服装设计。我最终决定了学习服装设计。上学时，有一门非常棒的绘画课程，这为我形成个人风格打下了基础。如今，我还在不断尝试用各种新技法和新材料进行创作。

你觉得自己的时装画是什么风格？

我认为我的作品风格是廓型简洁，人物有动感，跟卡通或漫画书当中的风格很像。

你喜欢用什么样的绘画材料？为什么？

我所有的画都是用铅笔打底稿的。有时候我觉得铅笔稿已经够好了，就不再往下画。有时候我会用绘画软件处理一下。我之所以用铅笔画草图，是因为它便于修改，能擦去不想要的，添加细节，而且我还能随时随地地画，用绘画软件就不能这样。我用CorelDraw和Photoshop进行色彩搭配和材质选择，有时我也用PaintDraw SAI。

你时装画作品中的人物动态与姿势是怎么画出来的？

我首先画一个大致的轮廓，然后再画出肯定的线条。所以廓型一出来，人物动态和姿势就基本确定了。我尽量让人物显得自然并有个性，还带有一点故事性。

你在画男性与女性时会用不同的方法吗？

不会，我没有什么特别的方法。画男性和女性都一样，我都是先画出轮廓线，然后再慢慢塑型的。当然，在画的过程中，我会考虑男女性在生理构造上的不同。

根据你的经验，有魅力的时装插画往往具备哪些因素？

我想最主要的是人物形象要有吸引力（An attractive image），因为时装画的主要功能就是表现形象。不光要画得好，风格还要高雅。要是插画家把这些都考虑到画面中，这幅画一定会很有趣。并且我认为，这些要素会让时装插画更像艺术作品。

哪些事物会带给你灵感？

能给我灵感的东西太多了，比如活泼有趣的卡通形象、现代艺术家的作品、涂鸦、绘画风格新颖能表现时代精神的插画家、新艺术运动、20世纪初的时装画、时装摄影、速写、设计师手稿。埃托尔·斯隆普（Aitor Throup）的作品给我留下了非常深刻的印象。

01 — 时装插画
抽象时装插画
摘自：Daria Lipatova

01

01~02 — 时装插画
系列彩色时装插画。
摘自: Daria Lipatova

01

02

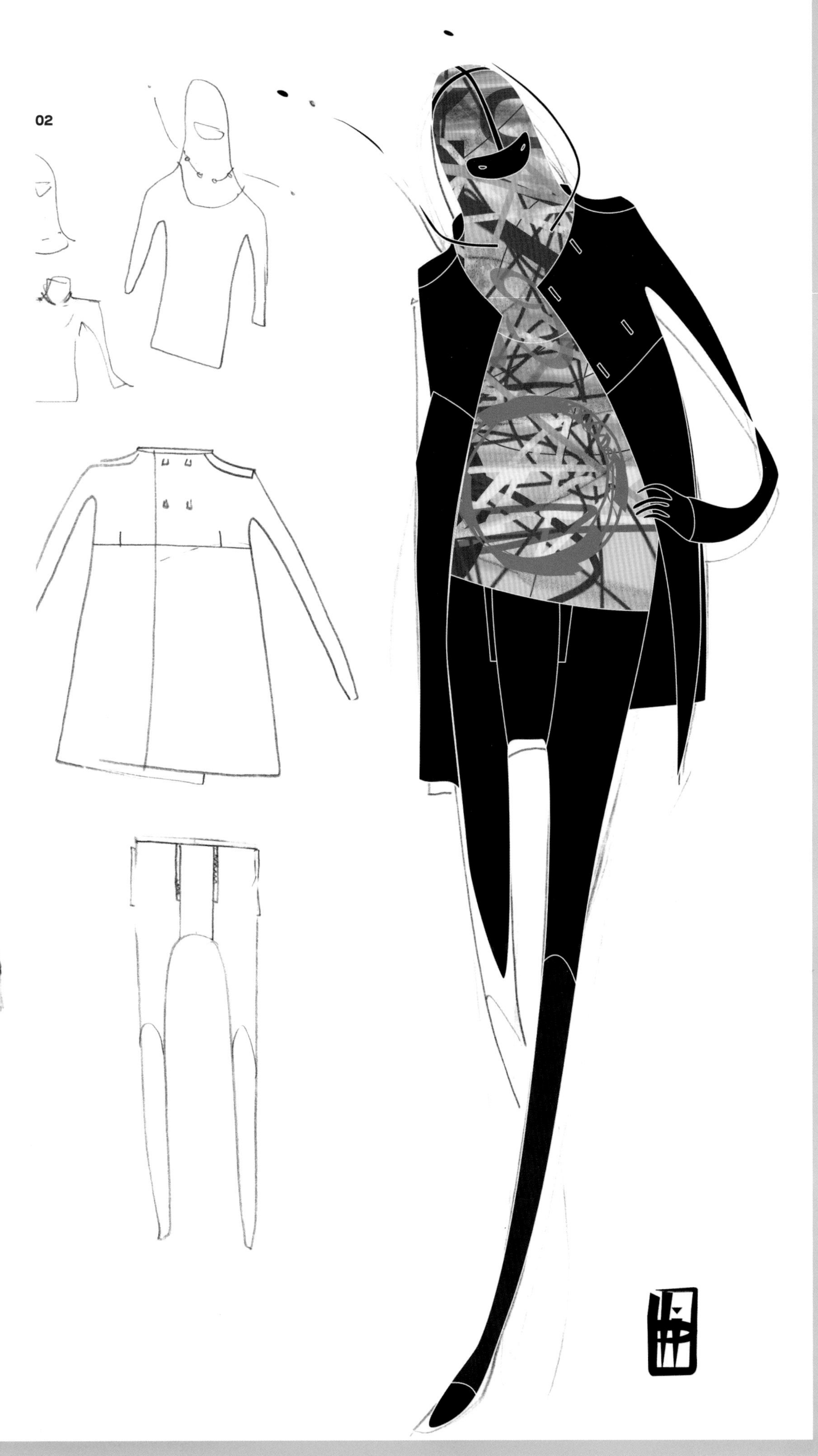

2.7 问题讨论 活动建议 扩展阅读

问题讨论

1 从各种杂志和摄影书籍中收集时装图片，并讨论时装人物的展现方式和风格。

2 找一些你所喜爱的时装画家的作品，讨论他们所使用的媒介与技法。

3 选择有关脸、头发和妆容的绘画或摄影作品，分析它们所表现的人物在性别、年龄、情绪与种族上有何区别。

活动建议

1 根据9~10头长的时装人体比例和平衡线，画一个站立的人体作为时装设计稿的模板。先粗略画出头部，由此纵向画一条平衡线，在4.5~5头长处画出臀高点和翘起的臀部，顺着支撑腿的曲线画到平衡线为止，然后再画非支撑腿、腰部和肩部等身体的其他部分。

2 尝试各种绘画工具，如铅笔、炭笔、马克笔和瓷画笔，用它们画一系列线稿。你可以参照真实的服装来画，也可以临摹照片。用尽可能少的线条来表现必要的信息，注意线条的表现力。请记住，好的时装画既能表现出服装的精髓，又能显得轻松随意，绝不会修饰过多。画的时候从肩部开始，不要害怕出错。

3 收集不同质地、不同类别的服装，将每件衣服平铺开来加以观察。仔细观察服装前后面的细节和造型特征，单用线条画出每件服装，不要画明暗调子。画时注意三条主线：首先是廓型线，主要表现服装的外形和比例。其次是结构线，表现服装的裁剪与合体度。不论是廓型线还是结构线都应该按真实比例来画。最后是细节，比如缝迹、扣眼和口袋。你可以把手绘平面款式图扫描到电脑里，用图形软件，如Adobe Illustrator进行编辑处理。

媒介即信息。

马歇尔·麦克卢汉（Marshall McLuhan）

Blackman, C
百年时装插画（100 Years of Fashion Illustration）
Laurence King, 2007

Centner, M and Vereker, F
Adobe Illustrator: 服装设计师手稿（Adobe Illustrator: A Fashion Designer’s Handbook）
John Wiley & Sons, 2007

Dawber, M
时装插画集锦：当代世界时装插画（Big book of Fashion Illustration: A World Sourcebook of Contemporary Illustration）
Batsford, 2007

Downton, D
时装插画大师（Masters of Fashion Illustration）
Laurence King, 2010

Hopkins, J
服装设计基础：时装画（Basics Fashion Design: Fashion Drawing）
AVA Publishing, 2009

McDowell, C and Brubach, H
时装画：百年时装插画（Drawing Fashion: A Century of Fashion Illustration）
Prestel, 2010

Morris, B
时装插画（Fashion Illustraton）
Laurence King, 2010

Packer, W and Hockney, D
Vogue时装画（Fashion Drawing in Vogue）
Thames & Hudson, 2010

Riegelman, N
时装画向导（9 heads: A Guide to Drawing Fashion）
9 Heads Media, 2006

Riegelman, N
如何画好时装人物的脸部（Face Fashion: A Guide to Drawing the Fashion Face）
9 Heads Media, 2009

Stipelman, S
时装插画（第三版）（Illustration Fashion 3ed Edition）
Fairchild, 2010

Szkutnicka, B
时装画技法（Technical Drawing for Fashion）
Laurence King, 2010

Tallon, K
数码时装画（Digital Fashion Illustration）
Batsford, 2008

3 色彩与面料

学习目标

理解色彩理论基础

欣赏不同色彩的主题以及它们之间的关系

思考色彩属性中的可变因素

思考流行色预测的意义

认识纺织纤维与面料的多样性

批判性地评价各种面料及其适合的设计应用

01 — 阿玛亚·阿苏亚加（Amaya Arzuaga）2011秋冬系列
色彩设计靠的是个人品位与直觉。你既可以用色彩设计来表现服装风格，也可以利用色彩重组来让服装呈现出大胆新颖的设计效果。
摘自：Totem / Ugo Camera

01

3 色彩与面料

3.1 色彩理论

色彩是服装设计的基本要素之一，它能激发人的情感反应，但也由一定的科学原理所决定。若没有光就不可能看到色彩，所以色彩是随着光线变化的。不论是自然光还是人造光，都直接影响人眼所看到的色彩。人眼能区分的色彩非常多，大致可以分为几种主色彩。主色彩是人眼透过棱镜所观察到的色彩，也称为色谱。

纯度

色环把从红外线到紫外线的电磁波连成了一个环形。色环上的色彩可用三种属性来描述：纯度、色相和明度。纯度指的是色彩的饱和度，也称为色度（Chroma）。高纯度的色彩显得明亮，比灰暗的低纯度色彩更接近色环边缘。没有纯度的色彩看起来像无彩色或灰色。

色相

色彩的第二大属性是色相。色相或光谱色在色环上是用角度来表现的，包含了红、绿、蓝三原色和黄、青、品红三补色。补色是将两个邻近的原色混合后形成的（比如红与蓝混合得到品红）。饱和度为100%的色相被称为纯色，但是一旦把纯色的色料去掉，呈现的就是与纯色同明度的灰色。色相的排列次序跟彩虹一致，首先是红色，接着是橙色和黄色，再下来是绿色、蓝色和紫色。虽然在彩虹中看不到紫色，但只有通过紫色才能把色环上的色相连成一个整体。

01

基础色环(Basic colour wheel)

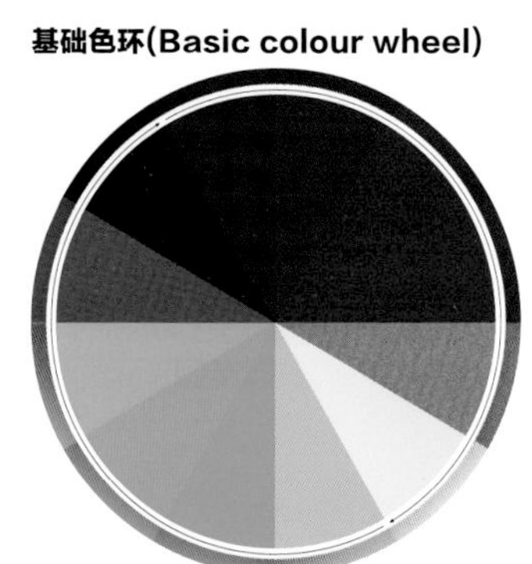

单色(Monochrome)

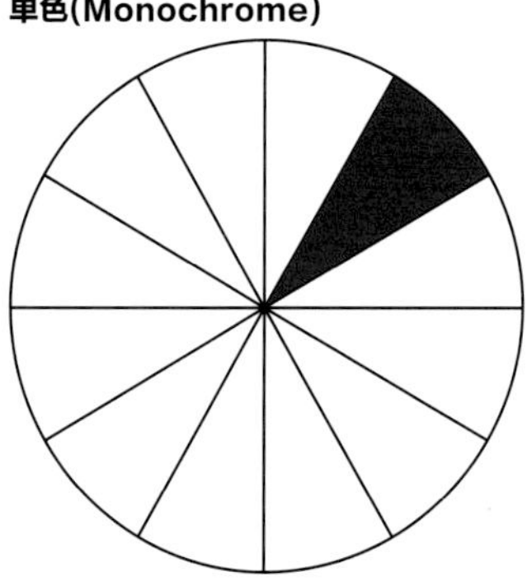

互补色1(Comp1)

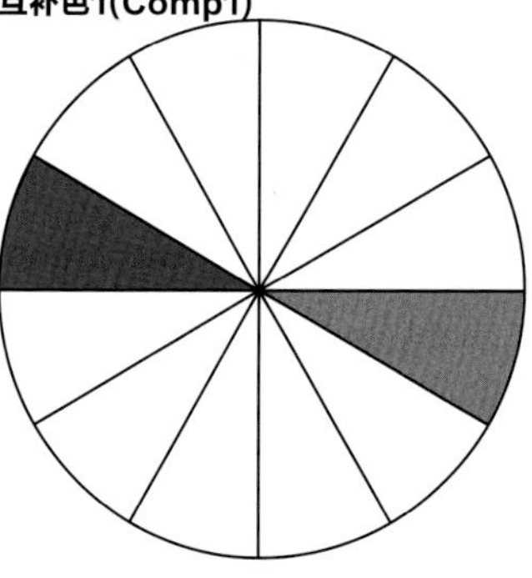

分散的互补色1(Split1)

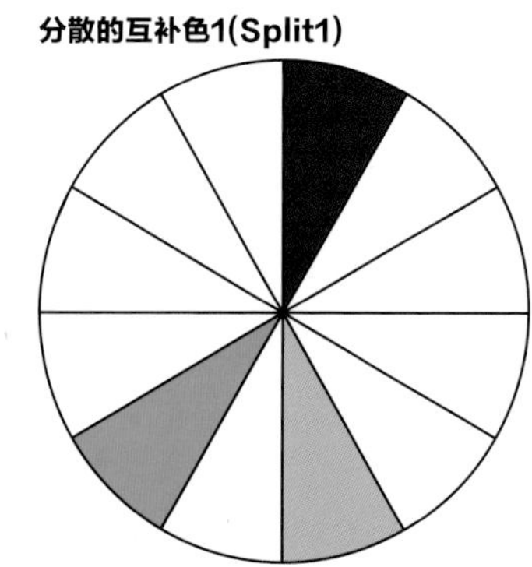

01 — 色环
色环理论可应用于服装色彩设计和印花设计。

类似色(Analogous)

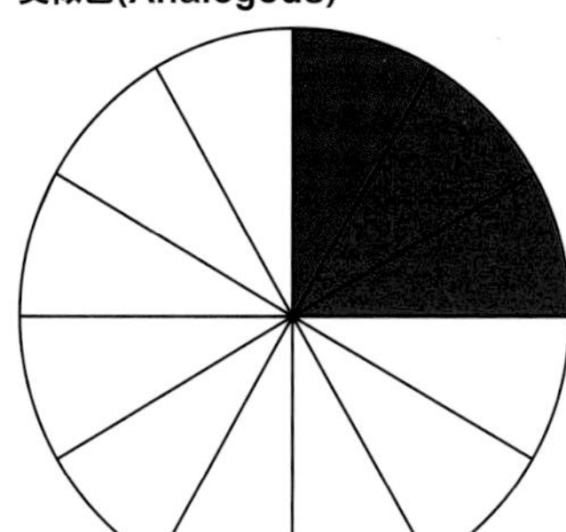

多种色1（Mutual1）

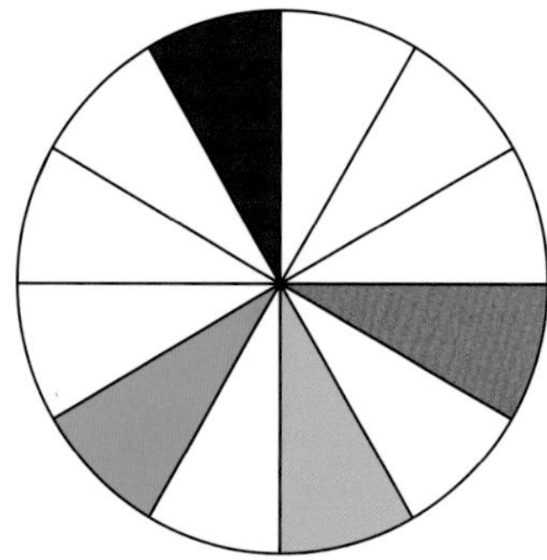

邻近色1 (Near1)

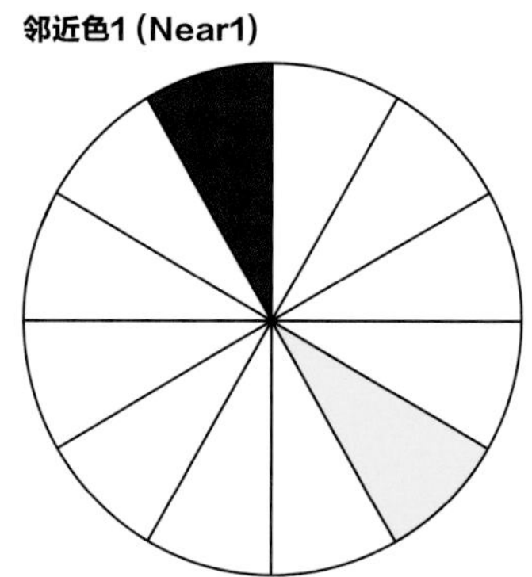

明度

色彩的第三要素是明度。明度描述了我们用以区分浅颜色和深颜色的色彩属性。准确地说，明度指的是黑色和白色的光亮度对比。它使暗色和浅色紧密地排列在一起并逐渐过渡。暗色指的是与黑色混合的光谱色，而浅色指的是与白色混合的色彩。与黑白色混合后得到的色彩会有色调和明度上的变化。色相的明亮程度可以用灰度等级来衡量。

加色与减色混合理论

加色混合与减色混合是两种主要的色彩理论。减色混合也称色料混合，是有关白色光在有色物体表面的吸收与反射的理论。由于黑色吸收光，而白色反射光，色料吸收其他光波，只反射出色料的颜色光波。

当光透射到含有色料的物体表面时，人眼就看到了色彩。除了色料的颜色，其他颜色都被吸收了。印刷所使用的青、品红、黄、黑（CMYK）就是对减色混合理论的运用。CMYK两两混合得到间色：绿、紫、橙，当CMYK等量混合时就生成了黑色。

加色混合，也称色光混合，是关于光的反射与过滤的理论。白色反射光，而黑色不反射光。色光三原色是红、绿、蓝，合称为RGB。根据加色混合原理，三原色混合形成白色。RGB是数码相机、扫描仪和图形图像软件的基本色彩系统。RGB色可以被转化成CMYK色，用作商业印刷，但它的本质仍然是屏幕显示色彩。RGB和CMYK都可以调出丰富的色彩。

三色组1(Tri1)

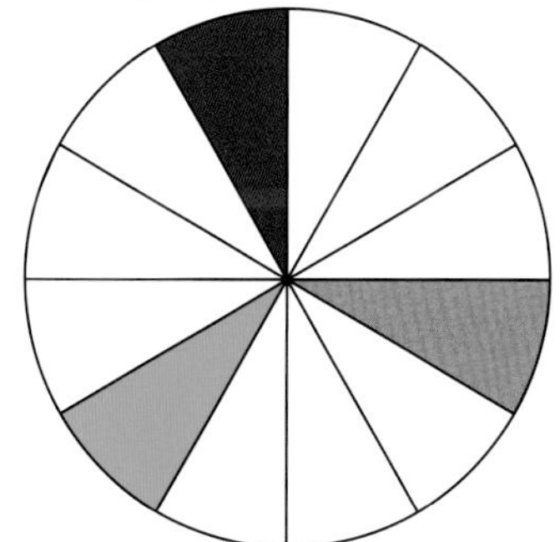

双补色（Double）

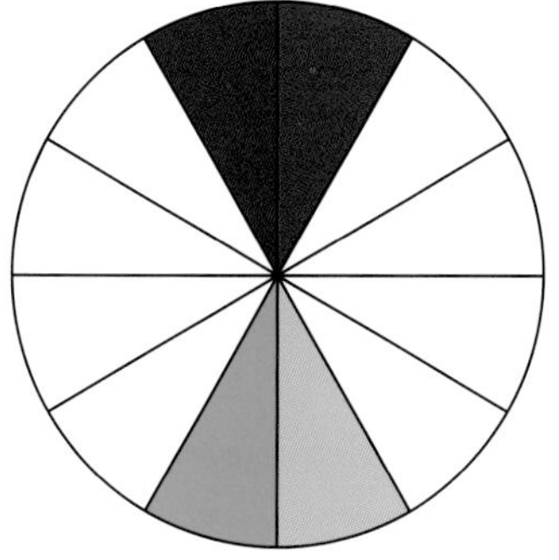

色彩搭配

要想把色彩用好就得先理解色彩搭配。这一点对服装设计师而言尤为重要。通过学习常见的色彩组合，如单色、补色、类似色、暖色系、冷色系、原色、强调色和无彩色等，我们能更好地理解色彩搭配。

单色配色指的是用同一色相，不同明度的色彩来搭配。明度或纯度相似的色彩往往搭配起来很协调，用在服装上会显得色彩丰富。虽然名为单色配色，但实际上应用了不止一种色彩，通过改变明度和纯度构造出丰富的色彩。

补色配色指的是将色环上相对的两种色彩（比如红和绿）搭配在一起，形成强烈的对比效果。但有时在服装上这种对比不能太强烈，要减弱。分散的互补色配色指的是两个邻近色与基础色的搭配。用这种配色方法得到的色彩效果也很鲜艳醒目，但不会像补色配色那样给人带来视觉紧张感。

三色配色指的是将色环上间距相等的任意三种色彩进行搭配。三色配色会显得很有活力，但一定要协调，最好不要有主次之分。如果一定要有一个色彩处于主导地位，其他两色就应该设计成突出主导色的强调色。如果运用得当，三色配色和分散的互补色配色可以成为服装印花的基础色。

类似色搭配指的是将色环上相邻的色彩进行搭配组合。类似色搭配在一起很和谐，给人一种精致巧妙的感觉。

01 — 约翰森·桑德斯（Jonathan Saunders）2011春夏时装发布会

在准备各季的时装系列时，服装设计师一定要好好斟酌配色。春夏系列的色彩跟秋冬系列的色彩差异很大。

摘自：Catwalking

01

色调

在服装设计中，我们通常会提到暖色调或冷色调。冷暖色调各占了色环的一半。色调描述了色彩给人的冷暖感受。红色、橙色和黄色通常给人温暖感，而蓝色、绿色和紫色则被认为是冷色。冷暖色调各有其独特的属性，能产生不一样的效果。暖色看起来生动并向四周空间扩散，而冷色显得冷静、缓和。黑与白被归类为中性色，可与冷色或暖色进行搭配。服装设计师应充分了解色彩的属性，综合考虑季节因素、终端使用和目标市场，让冷暖色与面料材质、肤色等相协调。

原色的饱和度和明度是最高的，把原色加以混合能形成无数多的色彩。色环上的三原色是红、黄、蓝，在减色混合模型里也称为RYB，因为它们鲜艳有活力，在服装中常被用作强调色。三原色也常用在运动装上，或是进行色彩重组，与主色调并置，形成强烈的图形效果。不论是加色混合还是减色混合，当两种原色混合在一起就形成了间色，原色再与间色混合并进行排列组合就得到了另外六种三间色。

无彩色是没有色相的色彩，只包括白色、黑色和处于二者之间的不同程度的灰色。无彩色在服装设计中占有很重要的地位，它们既可以单独使用也可以跟有彩色进行搭配。黑白两色属于补色，在服装设计上经常用来互相穿插和互相补充。

01 — 彩色时装插画

系列时装的色彩搭配一定要注意色彩的混合与平衡。

摘自：Emma Brown

01

3.2 色彩板

服装设计师非常重视每一季的色彩板。色彩板不仅具有商业价值，也为每一个服装系列提供了明确的方向。一件衣服出现在眼前，我们最先看到的就是色彩，所以色彩的重要性不言而喻。如前文所述，某两种色彩（如补色或类似色）搭配在一起之所以显得漂亮都是有科学依据的。学习完这些配色原理后，不论是用电脑设计还是从面料小样或色卡中选择色彩，服装设计师的配色技巧一定会有所提高。

色彩应用

服装设计中的色彩应用要靠直觉，尤其是把某个色彩应用到单件服装上时。试想一下，同一款服装，设计成鲜红色跟设计成冷灰色将看起来多么不一样。虽然廓型、比例和细节都一样，但消费者对同款不同色的服装的反应是不同的。通过这个例子，我们会发现，尽管色彩搭配有一些原则，但在服装中色彩是一种情感元素，色彩搭配是非常感性的。记住，没有不好的色彩，只有不好的色彩设计。

有些服装设计师用色非常大胆，比如曼尼什·阿若拉（Manish Arora），而有些设计师喜欢用类似色或黑白灰无彩色系，如安·迪穆拉米斯特（Ann Demeulemeester）。不管怎样，现在的服装设计师一定会根据目标市场、季节或各自的风格来慎重地考虑用色。

01～02 — 色彩概念板
在准备新一季的服装系列时，服装设计师一定会创作色彩概念板，这是一项非常重要的基础性工作。色彩灵感源自各种一手资料或二手资料，这些色彩能为服装系列设定情绪基调。
摘自：Mayya Cherepova

每一季的色彩板

在服装设计中，色彩通常是根据季节而变化的。这不仅仅符合了商业需求，从另一方面来看，色彩根据季节来变化也是很有道理的。不同季节所使用的面料质地不同，色彩应用上去后，光的吸收与反射会有所差异，最终会影响到色彩的效果。在设计系列服装时，色彩平衡尤为重要，任何的不调和都会成为败笔。大多数服装设计师选择色彩板的途径有两种，一种是从外界获取，比如参加第一视觉面料展（Premiere Vision）之类的面料展会，参展的面料商会向设计师提供色彩小样；另一种是直接跟面料商合作开发色卡。

开发每一季的色彩板很花时间，是一项要求严格的工作。色彩的数量少则三四种，多则十余种。带条纹或印花的服装可能会用到好几种色彩，但色彩板不要拘于某件衣服，而应该按系列服装的要求来设计，以便让消费者有更多的选择余地。这样一来，一系列服装不仅从视觉上有关联性，显得很协调，而且还有利于销售。

如今，许多服装设计师会跟面料企业合作开发色彩板。目前国际通用的色彩系统有潘通和SCOTDIC，这些机构研究色彩，开发色卡。色卡在时装、内衣、塑料制品、建筑、印刷和数码技术等众多商业领域有着广泛的用途。色卡在不同行业中的广泛应用也让色彩呈现出国际化的特点，这也是国际流行色预测机构存在的原因。

01

流行色预测已成为服装行业和其他创意行业不可或缺的一部分。面对影响服装流行的众多外部因素（如文化、艺术运动、气候、政治、宗教和科技），流行色预测是一种理性地预测服装流行变化的方法。

流行色预测的结果并不是圣旨，它只是提供了一个方向。流行色受众多文化因素和行业趋势影响，所以流行色预测需要进行详细的反映国外文化影响和区域流行趋势的行业分析和服装流行观测。流行色预测为服装和纺织专家提供灵感，所以许多纺织企业都雇有色彩搭配师和产品协理，他们与服装设计师合作进行纺织品色彩设计。

许多国家都成立了各自的色彩协会，为国内外市场提供色彩指导。比如美国的色彩协会（Color Association）和色彩营销协会（Color Marketing Group），英国的染色师与配色师委员会（Society of Dyers & Colorists）和英国纺织品色彩集团（British Textile Color Group）。

纺织面料贸易展会，如巴黎的第一视觉面料展和TexPrint、意大利的纱线展（Pitti Immagine Filati）都是重要的行业交流平台。这些展会为与会的行业人士提供流行色预测报告。服装行业人士每年两次参加展会，寻找供应商，并为各自的品牌捕获色彩信息，确定每季的色彩方向。

除此之外还有一些其他的服装流行与生活方式预测机构，如时尚趋势联盟（Li Edelkoort）、Trend Union、Peclers Trendstop.com、The Donegar Group和Promo styl等，它们向全球服装行业提供有关色彩分析与面料预测的报道。这些专门的行业服务机构以其有价值的观点和国际化的视角为服装设计师提供了很大帮助。

01 — 个性化用色
很多设计师会用印花来做服装设计。有些设计师偏爱印花，甚至让印花成为他们的风格标志。伦敦设计师Mary Katrantzou的印花设计非常有个性，她2011年秋冬系列作品的灵感来源于法贝热彩蛋（Fabergé eggs）、迈森瓷器（Meissen porcelain）和珐琅彩绘（Cloisonné enamel）。
摘自：Catwalking

02 — 面料展会
像第一视觉面料展和法兰克福家纺展这样的面料展会，让世界各地的服装设计师和买手聚集在一起。在展会上，他们鉴赏各种新的面料，捕获流行动向。
摘自：Messe Frankfurt Exhibition GmbH/Pietro Sutera

3.3 纤维

纤维是构成面料的基础，指的是经黏合或交织后能最终纺成纱线或织成面料的纤长材料。亚麻自古以来就被用以制作纺织品，被认为是最古老的纤维中的一种。

纤维的分类主要依据其成分属性、长度或细度。成分属性指的是纤维属于天然纤维还是人造纤维，长度指的是纤维是短纤维、长纤维还是长丝。细度指的是纤维是极细的、细的、普通粗细的还是粗的。

天然纤维

纺织品当中有很多都属于天然纤维。天然纤维是指从动物、植物或无机物中获取的纤维，经加工后能变成纱线。

植物纤维可以从植物的枝干提取，比如棕榈，还可以从椰子类的水果和坚果壳得到。韧皮纤维的原材料取自亚麻、胡麻或黄麻等植物的枝干，还有棉花等植物的种子。棉麻纤维是制作服装面料最重要的材料。

棉纤维比较柔软，取自棉花的种子，其湿强大于干强，易缩水，但柔软而有韧性，非常适合制作服装。棉纤维的吸湿性强，易染色。

动物纤维大多数由蛋白质构成，包括头发、毛皮、羊毛和皮革。动物纤维可以进一步分为短纤维和长丝纤维。动物短纤维包括羊毛、羊驼毛和马海毛。

最常见的天然长丝纤维是蚕丝，可以从蚕茧中获得。有些蚕丝从家养蚕茧提取，如桑蚕丝，有些则是从野生蚕茧提取。蚕丝是最长最细的天然长丝纤维，它光滑、柔软、有光泽、强度高，也易于上色。

羊的品种繁多，所以从羊身上获得的羊毛也有很多种。羊毛是最重要的纺织品原材料之一，它容易纺成纱，当织成面料后，非常保暖且不易变形。羊毛有缩绒性且易沾灰，所以要注意清洁。羊毛除了可以做成服装，还常用来制作毛毯、毡子和衬垫。

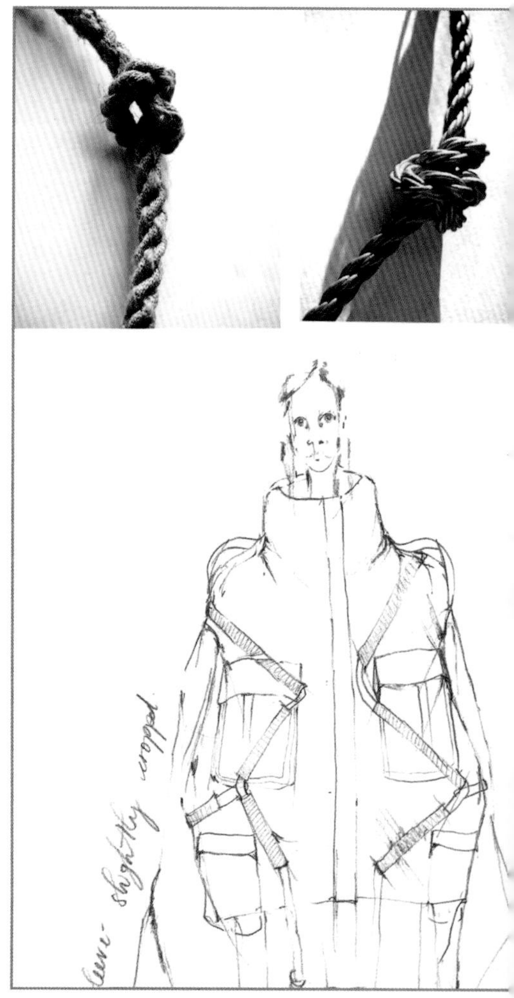

01~02 — 面料调研
色彩与面料设计方案。
摘自：Lauren Sanins

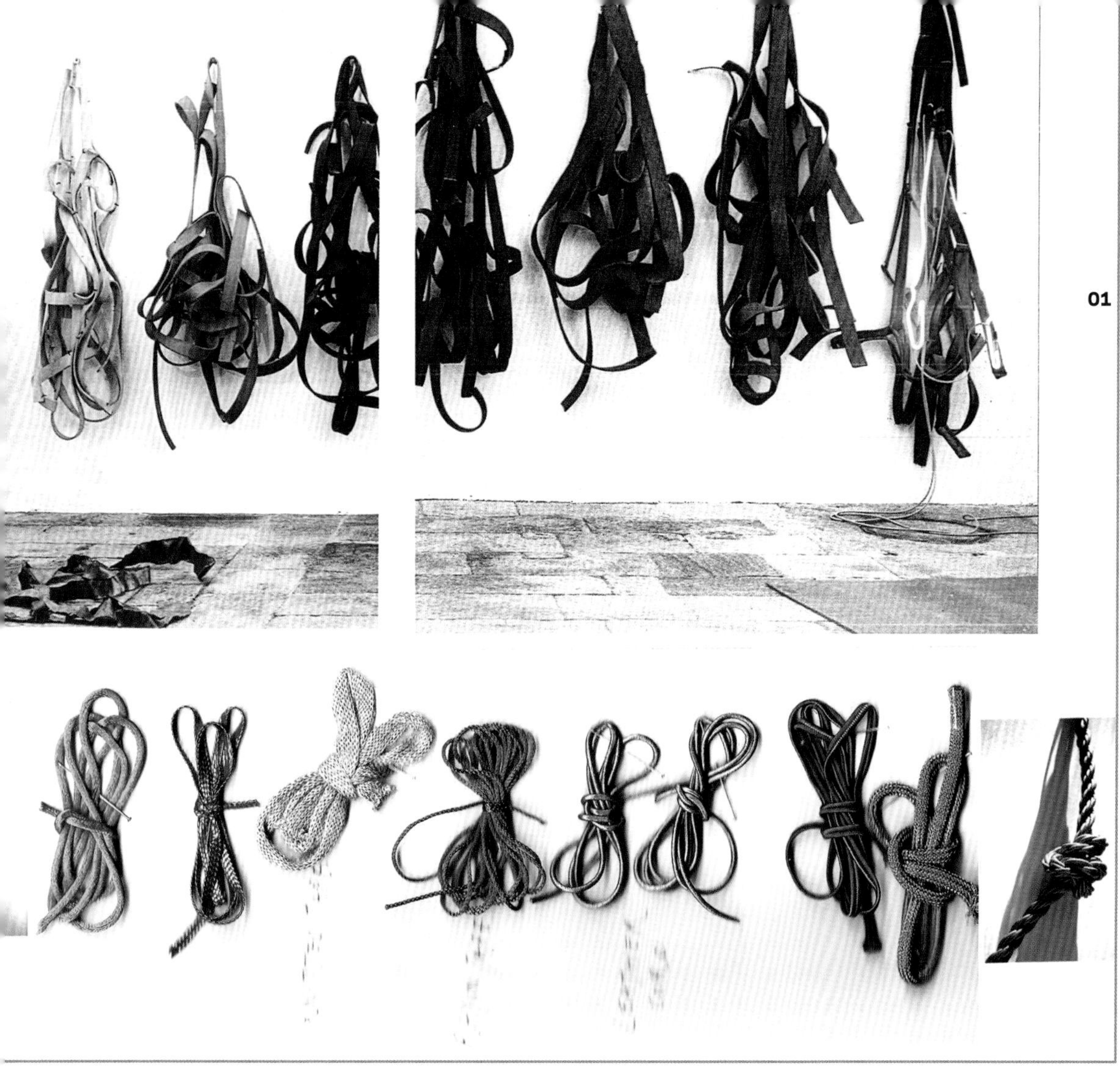

01

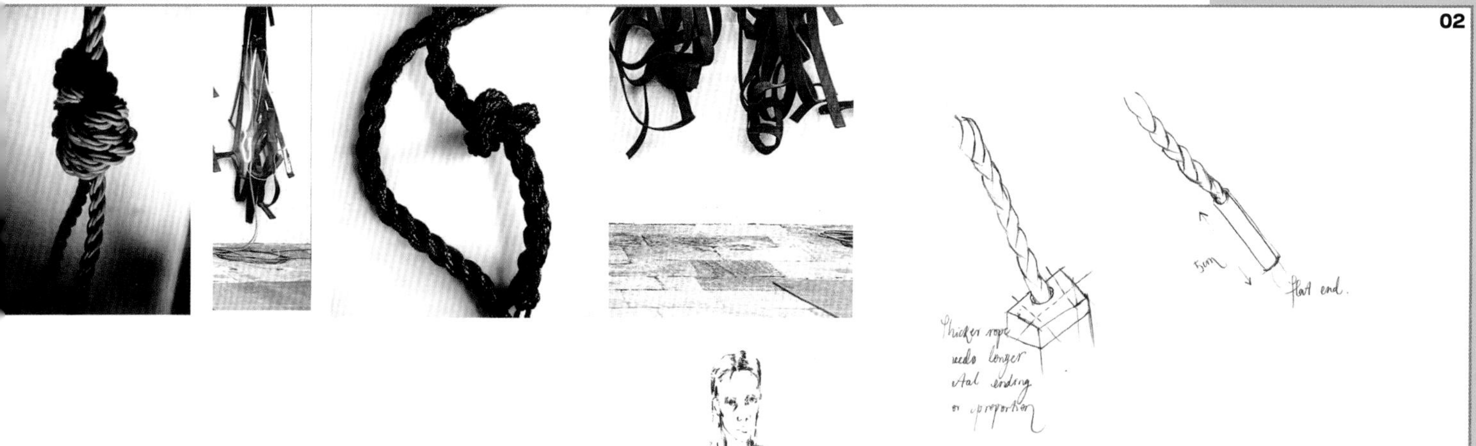
flat end.
Rope.
3cm
flat metal end.
utilitarian loops replacing epaulettes

02

人造纤维

人造纤维包括两大类：纤维素纤维与合成纤维。纤维素纤维是一种能在自然界中找到的高分子聚合物，可用于生产人造丝、醋酯纤维和三醋酯纤维。

人造丝是最早的人造纤维。人造丝主要有两种：黏胶和铜氨人造丝。由这些纤维织成的面料具有良好的悬垂性，但不适合处理成褶裥。

醋酯纤维柔软光滑，有一定的悬垂性和抗皱性，同时也防缩，但由于它本身很脆弱，常被用来跟其他纤维混纺，或者仅仅用来制作坯布。适用于棉和黏胶的染料用在醋酯纤维上不易着色，所以针对醋酯纤维有专门的染料。

合成纤维自20世纪问世以来一直都是时装中常用的面料成分。合成纤维包括了多种聚合物成分的纤维，但最著名的当属尼龙和亚克力。各种合成纤维有着鲜明的特性，有的适用于运动服装，有的可与天然纤维混纺从而提高面料的质感或耐用性。合成纤维面料一般都很平滑、耐磨、不易起皱。

按纤维成分划分的面料

棉	羊毛	人造	纤维
埃尔特克斯网眼织物	羊驼呢	百丽雅	锦缎
锦缎	素色哔叽	锦缎	雪尼尔
刺绣	安哥拉呢	雪尼尔	雪纺
白棉布	涤棉绒布	雪纺	凸纹针织物
灯芯绒	锦缎	凸纹针织物	中国绉纱
帆布	驼绒	中国绉纱	厚绉纱
雪尼尔	卡纱细呢	厚绉纱	乔其纱
丝光斜纹棉布	印花丝毛料	双宫丝	金丝织物
印花棉布	雪尼尔	法国绒	单面汗布
凸纹针织物	凸纹针织物	罗缎	梯级布
条绒	驼丝锦	乔其纱	塔夫绸
花缎	毛毡	金丝透明绸	
牛仔布	法兰绒	单面汗布	
条格平布	华达呢	罗马坎平绉	
单面汗布	哈里斯粗花呢	凸花绸缎	
蕾丝	人字呢	云纹绸	
上等细布	单面汗布	透明硬纱	
马德拉斯布	马海毛呢	梯级布	
平纹细布	摩弗伦毛呢	罗纹丝带	
网眼布	梯级布	罗曼缎	
透明硬纱	平纹结子花呢	平纹结子花呢	
梯级布	毛哔叽	塔夫绸	
高级密织棉布	斜纹呢	网眼纱	
凸纹布	丝绒		
府绸	直贡呢		
海岛棉布	羊驼呢		
泡泡纱	精纺毛料		
毛巾布			
天鹅绒			

新型纤维

橡胶是一种天然的弹性材料，人们由此研发出合成弹性纤维，并创造了诸如莱卡（Lycra）、氨纶（Spandex）和氯丁橡胶（Neoprene）之类的众多品牌。这种合成弹性纤维极大地改变了专业运动服装和泳装，使它们兼具了舒适性和极高的弹性回复功能。合成弹性纤维在服装演变和纺织科技发展中扮演了重要角色。

近年来最有影响的技术革新是喷绘面料（Fabrican）和星空布（LED）。喷绘面料是由皇家艺术学院服装设计博士研究生马内尔·托雷斯（Manel Torres）和伦敦帝国学院（Imperial College London）合作研发的一项专利技术，这是世界上首个喷绘面料。位于伦敦的公司Cute Circuit设计融合了高科技技术的服装，他们将传感器置于服装中，设计出了拥抱衫（Hug Shirt）（已获奖），他们还将LED灯织入纤维，产生色光效果。

01

02

01 — 银河系晚礼服（Galaxy Dress）
银河系晚礼服是由伦敦的Cute Circuit时装公司设计的，它是世界上最大的LED服装。
摘自：JB Spector, Museum of Science and Industry

02 — 艾里斯·范·荷本（Iris Van Herpan）2012春夏服装
设计师艾里斯·范·荷本使用的材料颠覆传统，她将金属与丝绸混纺。在她的服装系列中还能找到烧毁的金属织物和闪亮的发丝。
摘自：Lisa Galesloot

3.4 服装面料

纤维纺成纱线后，经编织或混纺形成柔软的面料。有些纺织品是用来设计服装的，而有些则作为家居装饰、地毯或工业布料。学会辨识并选择服装面料是成为设计师必需的一项技能。

面料的丝缕方向对于裁剪非常重要。经纬纱向构成的角度平分后得到45度斜丝，也称为正斜丝。斜裁使面料弹性增加，能取得更好的制作效果。

机织物

大多数服装面料都是机织或针织的。机织面料是在织布机上，通过不断交织或编织，将两股纱线织在一起。固定在织布机上的纱线决定了布匹的长度，被称为经纱，交错到经纱上的纱线被称为纬纱。经纬纱由梭子送到相应的位置。由于梭子不断地来回运动，就在布料边缘产生了一道光边，称为布边。面料中纱线的方向就是丝缕方向。经向与经纱方向一致，纬向对应的是纬纱方向。

平纹织物

平纹织物的织造方式很简单，就是纬纱在经纱的上下方向交替织入。以这种简单的织造方式，可以创作出丰富多样、质感各异的面料。重平织物（Rib weave）和凸条织物（Cord weave）都是从平纹织物变化而来的。重平织物和席纹织物（Hopsack weave）都在布料的水平方向有明显的纹理，而凸条织物，是纵向的条纹。席纹织物是通过两根纬纱在两根经纱的上下方向交替织入而形成的松软织物。

缎纹织物

缎纹织物外观平滑，这是由于每根经纱上下都织入了3~4根或4根以上的纬纱。缎纹织物很容易脱散，且正反面清晰可辨，正面通常很光滑，而反面显得粗糙一些。

斜纹织物

斜纹织物最明显的特征是有凸出的斜向纹理。斜向纹理通常是从右至左的方向，从左至右的斜纹被称为左斜纹。斜纹的角度由浮在纬纱上的经纱数量而定，而凸起程度则由纱线的特征决定。斜纹面料耐磨，但易脱散。

01 — 天然纤维
从动物、植物或矿物中提取的天然纤维被纺成纱织成布。天然纤维组成了一个庞大的纺织品系统。
摘自：Messe Frankfurt Exhibition GmbH

01

针织物

机织物是由至少两根纱线交织而成的，而针织物是通过线圈将纱线串成面料的。针织物可由一根长纱线织成，也可以由许多根纱线构成，可以手工编织，也可以用针织机编织。针织物编织的方法主要有两种：纬编和经编。

纬编

纬编织物是在针织机上由一排排的纱线线圈织成的。用这种方法可以织出块状或筒状的针织物。单面汗布（Jersey）是一种纬编织物，有单层的，也有双层的。尽管单面汗布看起来跟机织物有些相似，但对它进行处理与缝纫时一定要按针织物的方法来做。

经编

经编织物是由锁式线圈织成的。针织机上有一排针，每根针上至少有一根经纱，每根针在经向织出一串线圈，同时也在布料的两边织出线圈。经编织物在裁剪时不易脱散，比纬编织物的伸展性略差，更适宜缝纫。

其他织物

另外，有一些其他的织造方法和技术。比如绗缝，就是在两层面料中间夹一层垫棉，再用装饰线迹加以固定。黏合是另外一种将两层面料结合起来的方法。这一方法通常用以织造有特殊要求的功能面料。毛毡布是一种可用在服装上的典型非织造面料，它是用缠结、压制等手段将纤维压制在一起形成的。毛毡布没有经纬向之分，但能够塑型并缝纫。

蕾丝

有很多面料的织造方法都涉及特殊工艺技术或传统手工，蕾丝和网眼布就是很好的例子。纱线经过扭、勾、串等手法，被织成有特殊外观的面料。蕾丝与网眼布的镂空效果显得很特别。蕾丝最初都是手工织造的，根据编织方法可分为两种：梭结蕾丝和针绣蕾丝。如今大多数的蕾丝都是机器织造的，但仍然保留了其独特而华丽的外观。

后整理

面料的手感与很多因素有关，比如纱线的质地，面料的组织结构，以及最重要的后整理。绝大多数服装面料在生产制造过程中都需要进行后整理。其中，化学整理主要是为了减少布料缩率或增加布料柔软度。也有用硅胶或蜡来进行面料拒水性整理的。而物理整理一般是为了让面料更结实或是为了改变面料的外观和质感（用起绒或刷绒的方法）。还有一些其他的后整理方法，如抗起球整理、抗微生物整理、抗静电和永久烫压整理。每种整理技术都有特定的用途，并且能改变面料的外观和性能。我们在选择服装面料时一定要考虑到这些。

除了以上这些功能性整理外，还有许多增强面料美感的整理技术，比如染色和印花。在面料织造的各个阶段可能都需要染色，主要有纱线染色、裁片染色和成衣染色。

印花会让面料焕然一新，呈现不同的风格特色。大多数服装设计师不会去专门设计面料，而是直接挑选已有的印花面料。但是设计师还是很有必要了解各种印花技术的。现代印花技术可粗略地分为数码印花和非数码印花。在时装上运用印花和图案是非常有趣的工作，有些设计师甚至把印花和图案用出了鲜明的个人特色。

01

01 — 面料样品
服装设计师经常要收集面料样品，并将这些样品按主题排列，这就让设计师能直观地比较面料色彩和质感，从而考虑这些面料适合做成什么、该怎么用。
摘自：Messe Frankfurt Exhibition GmbH

3.5 如何选用面料

面料意识

设计师在工作中必须具有根据面料来设计服装的能力。因为服装设计师的工作要涉及工艺和后整理技术，所以掌握一些跟面料相关的知识非常有必要。许多设计师或学生在构思服装系列时会去寻找灵感，但真正能激发设计思路并让设计落到实处的是面料。

选择面料时必须根据其最终用途进行全面考虑。设计师可以在面料运用上进行大胆的尝试与创新，但绝不能置面料的性能于不顾。简言之，设计师在设计服装时必须始终心中有面料。

根据面料来设计服装，首先应学会辨别与选择面料。具备面料意识是做出好设计的关键。丰富多样的面料与后整理技术为当今的服装设计师提供了更多的设计灵感。其次，选“对”面料不仅要用眼睛看，也要靠手摸的触感来选择。

大多数服装设计师和学生会在工作室中用坯布试样来检验创意效果。制作这种初始样品所使用的材料应与最终打算用的面料具有类似的重量、手感与组织结构。举个例子，如果你打算用单面汗布来完成设计，那么在试样时所用的坯布就应该是单面汗布，而不是机织坯布。

明确了试样的重要性，并熟知了各种面料的性能特征后，就要从面料的组织结构、质感、重量、幅宽、色彩、后整理以及价格等方面着手选择合适的试样材料。

面料是属于机织物、针织物还是其他织造形式，一定要通过观察分析组织结构来辨认。对于机织物和平针织物来说，检验织物的组织结构非常重要，这能及早提示你，该怎样缝制，以及该如何恰当地立体裁剪。为了区分织物的正反面，一定要两面观察，也可以检查织物边缘。大多数面料都有正反面之分，但有些面料两面都进行了整理，属于双面织物。

评价面料的质感要靠手去摸，你必须先去感知面料，才能决定这种面料是不是你想用在系列设计当中的，或者能不能与其他面料搭配。摸过面料之后，你就会马上明白，这种面料是否有绒毛般的手感，若是这样，就要进行单面裁剪。有些面料纹理独特，表面有图案或条纹，这都会影响到后续的面料搭配与裁剪。

织物重量

衡量织物的重量在设计中也很重要。单有对面料重量的理论认识是不够的，设计师还应该拿起面料观察其密度，感受其轻重。

选择面料时要考虑的问题：

面料的手感如何？

面料适合做什么？

面料是天然纤维织造的还是人造纤维，或者是混纺的？记住，面料的纤维成分对面料的性能有重要影响。

面料的悬垂度如何？

面料适宜缝纫吗？缝纫性能怎样？

面料会收缩吗？容易脱散吗？会拉伸吗？

面料经过特殊的后整理之后，后续的缝纫操作应该注意些什么？有些化学整理会提高面料的性能，但对缝纫和手工技术有着特殊要求。

面料应该采用水洗还是干洗？这也是选择面料时要考虑到的重要问题。

面料重量参照表

盎司/码长	克/纵长米	克/平方米
6~7oz	185~220g	120~140g
7~8oz	220~250g	140~160g
8~9oz	250~280g	160~180g
9~10oz	280~310g	180~200g
10~11oz	310~340g	200~220g
11~12oz	340~370g	220~240g
12~13oz	370~400g	240~260g
13~14oz	400~435g	260~280g
14~15oz	435~465g	280~300g
15~16oz	465~495g	300~320g
16~17oz	495~525g	320~340g
17~18oz	525~560g	340~360g
18~19oz	560~590g	360~380g
19~20oz	590~620g	380~400g

幅宽

面料的幅宽不尽相同，因此在购买时，一定要先确认面料的幅宽，这将直接影响到后面的裁剪。比如，长款斜裁设计一般要求使用全幅宽的面料。确定幅宽的同时应考虑到面料的价格，幅宽窄一些的面料会更便宜。幅宽窄的有90cm，主要是细布；宽的有150cm，是大多数时装面料的幅宽。衬料的幅宽通常较窄，所以买任何面料时都要先确认一下幅宽。

01 — 纤维图解
理解纤维分类对设计师非常有帮助，尤其是在挑选面料时。从纤维成分也能大致看出面料的特性与染色性能。

> 人类需要色彩就像需要火与水一样。 **费尔南德·莱热（Fernand Lé Ger）**

01

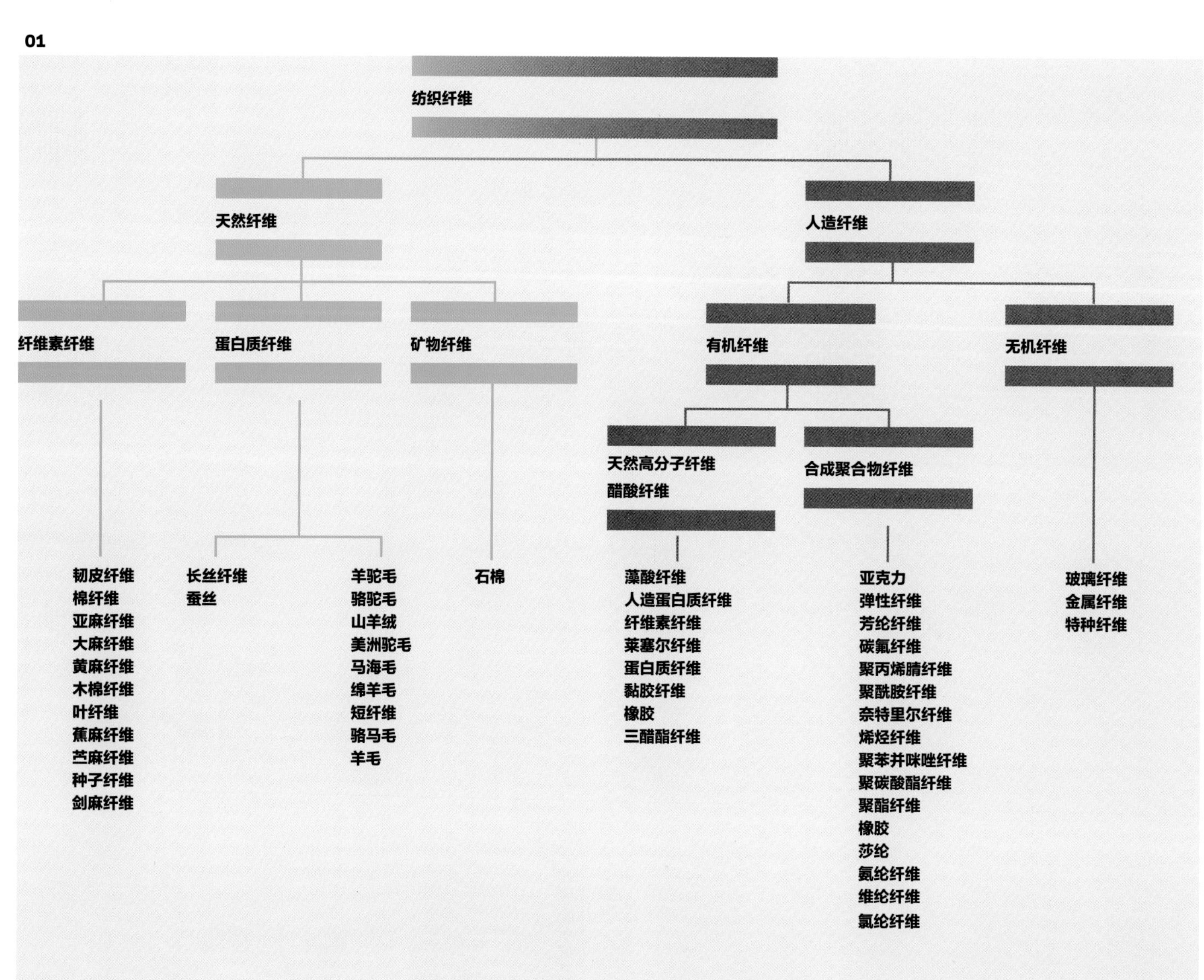

色彩

色彩是服装设计中最具感情色彩的元素，所以在选择面料时一定要弄清楚色彩是否准确，观察面料一定要在良好的自然光线下或是专用灯箱下进行。世界上的色彩不计其数，也没有完全一样的黑白色。服装色彩的选用不能只顾及设计师的个人喜好，还要综合考虑市场需求和当季的色彩概念板等。色彩直接影响到服装系列的效果，所以不论是从色卡中选面料，或跟工厂合作开发面料，还是直接从零售商手中购买面料，设计师都要特别关注色彩。

02 — 面料展会
专业面料与纱线展会为服装设计师提供与面料供应商及制造商交流的机会。这些贸易展会每年都会举办，也形成了固定的模式。
摘自：Messe Frankfurt Exhibition GmbH/Pietro sutera

02

后整理

正如前面所讲，面料后整理技术有很多，既有化学的也有物理的，既有拉绒整理，也有外观整理，如印花、植绒、箔印和打褶等。每种整理方法都各具特色，并会直接影响面料的手感及最终用途。样衣部门或设计工作室在测试面料时，还应确定面料的处理手法以及在缝纫上是否有特殊要求，这样才能保证面料完全满足设计需求。

价格

面料的价格与各种商业因素相关，例如，面料是以成本价格采购的，还是以零售价格或批发价格采购的。额外的税收和运输费用也要考虑在内。大多数商业设计师会参照本行业内的定价结构来定价。事实上，就算设计师选了某种面料，甚至已经做成了样衣，但如果经工厂核算后认为使用这种面料导致成本过高，最终设计师也不会在系列作品中采用这种面料。服装专业学生应多去面料零售商或批发市场熟悉面料价格。同一系列服装所采用的面料很可能价格不同，但在质量档次上要一致。系列服装的定价最终要参考面料价格和每件服装的加工费用。

在上学阶段就开始收集面料样品，并制作一本资源手册，对你日后进行面料选择和设计开发非常有益。请记住，所有的设计想法都必须通过面料来实现。

01

01 — 面料样品
收集面料样品对于熟悉各种面料很有帮助。做一个面料样品集吧，这会让你在进行系列设计时更加得心应手。
摘自：Remi

3.6 访谈录（Q&A）
劳雷塔·罗伯茨（Lauretta Roberts）

姓名

劳雷塔·罗伯茨

职业

WGSN时装屋创意总监

网址

www.wgsn.com

简介

劳雷塔·罗伯茨是WGSN时装屋的创意总监。WGSN时装屋隶属于全球流行趋势预测机构WGSN，专做零售。她同时兼任WGSN全球时尚大奖赛（WGSN Global Fashion Awards）的总监。WGSN全球时尚大奖赛自2010年起每年秋季在伦敦举办。

在加入WGSN之前，劳雷塔在其姊妹机构Drapers，英国时尚行业网站担任总监。劳雷塔推崇数字化营销，她为Drapers推出了第一个网站，并把跟Drapers电子商务大奖赛（Drapers' Etail Awards）一些相关的现场活动放到了网站上。

你能谈谈WGSN时装屋吗？它主要做什么呢？

WGSN时装屋隶属于全球时装流行预测主导机构WGSN。高级时装流行趋势（The boutique trends）针对的是少数独立的零售商，而我们则主要为全球品牌和零售商提供服务，我们在57个国家拥有38,000个客户。

你是怎样做流行趋势提案的？

我们会做很多种流行趋势提案。每一季，我们提前两年来做三种宏观流行趋势，设定当季的流行大基调。我们的国际专家团队带着各自收集的资料汇聚伦敦，研讨出最新的流行提案。

一开始，我们研究流行动向，色彩和情绪概念等，随着时间逼近当季，就开始做更具体的系列设计。

我们做的流行趋势提案也会考虑街头时尚、店内商品、时装秀、贸易展会以及跟电影、艺术和名人有关的文化活动。

在时装行业，为什么流行趋势如此重要？

流行趋势让时装行业不断更新，也让我们有工作可干嘛！你必须用新的理由去说服人们添置新衣。有的理由很有说服力，而有些则非常微妙。

服装流行趋势并不是孤立存在的，它们处在广泛的文化运动的中心，反映了我们生活方式的变化，服装必须不断变化才能保持这种地位。

服装设计师是应该引领潮流呢还是追随潮流？

这取决于你的工作。如果你是高街时装设计师，那么你很可能就要追随时尚潮流，但是你要根据顾客的喜好来判断跟随谁的时尚，用什么方式跟随，以及在什么时间跟随。这是一项非常有创意的工作，需要设计师有良好的判断力。

而另外一些设计师，她们要推陈出新，引领时尚风向。缪西娅·普拉达（Miuccia Prada）就是其中之一，她总是站在潮流前沿。一些年轻的设计师也能做到这一点，比如最近艾尔丹姆（Erdem）就非常有影响力。

科技对服装流行趋势的发生模式及传播方式有何影响？

科技让世界运转得越来越快，变得越来越小。消费者跟服装行业人士基本在同一时间接收流行讯息，有时消费者还赶在前面，这让服装行业倍感压力，要更快地推出适合消费者需求的产品。尽管我们开展的是网上业务，但我们的客户不是虚拟的，是实实在在存在的，所以我认为传统的传播方式是不可替代的。

你最喜欢自己工作的哪一方面？

这很难说。我最喜欢全球时尚大奖赛（Global Fashion Awards），但也喜欢这里的工作环境，喜欢看同事们每天的装扮。如果我对某种潮流不太肯定，我就望望身边的人，看看这种潮流有没有在他们身上出现，要是没有出现，那我就得慎重考虑了。

01

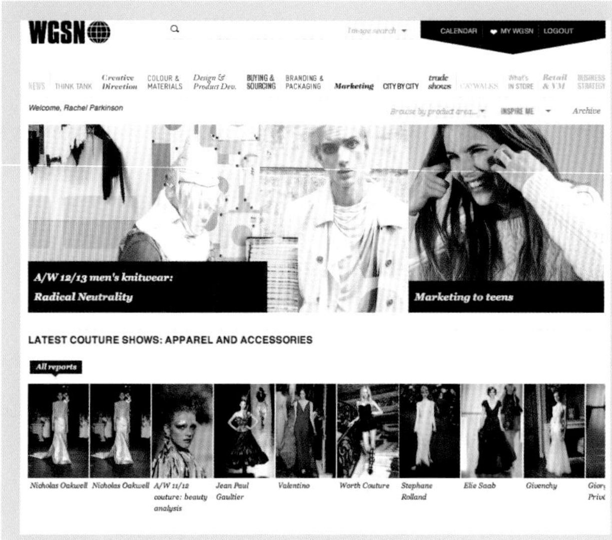

01 — WGSN
消费者接受的时尚讯息越来越多，他们的时尚触觉也越来越敏锐。对潮流预测者来说，理解并辨认哪些是一时的狂热，哪些是真正的流行，变得比以往任何时候都重要。
摘自：WGSN

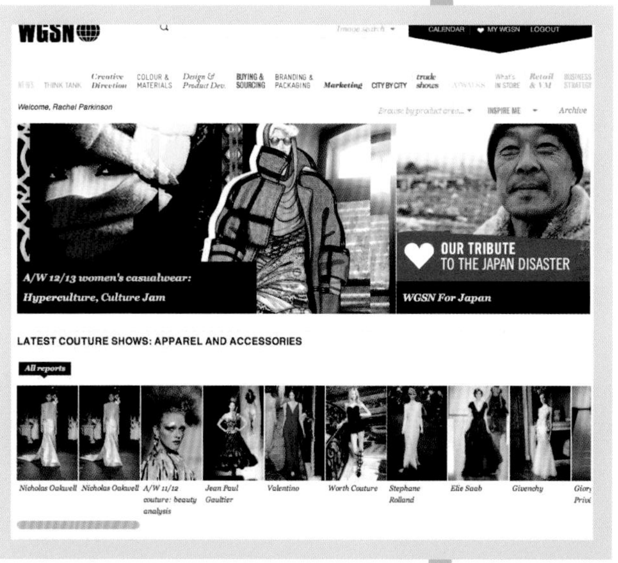

01

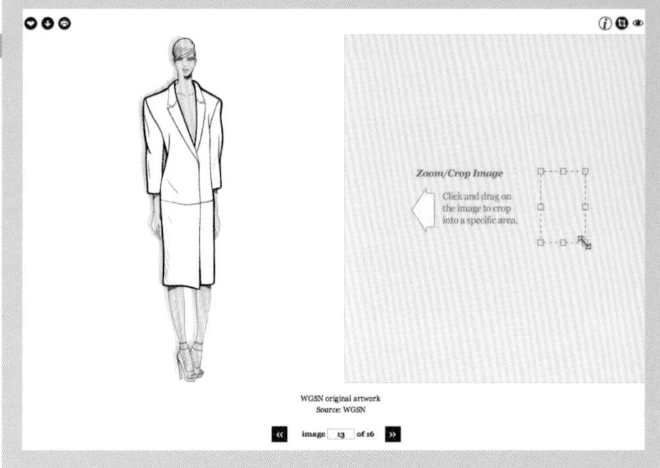

S/S 13 MACRO TRENDS

By WGSN Creative team, 11 July 2011

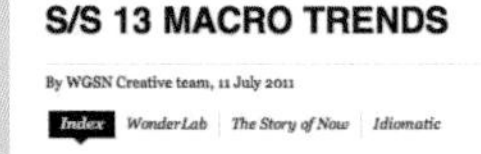

Spring/summer 2013 Macro Trends

Welcome to our spring/summer 2013 Macro Trends. As with every season, we will take you step by step through the three trends, introducing our new concepts and explaining their importance.

Welcome to the new reality

Spring Summer 2013 is grounded in a renewed sense of the importance of what's real, what's now and its potential.

It's a season that invites you to consider different realities and explore contemporary cultures, lifestyles, science and technology to create new visual forms.

How do you make this real? How do you make this desirable?

How do you even answer the question "what is desirable"?

WonderLab creates a pathway through the jungle of modern science and technology. It lets us into a secret visual world that once was fantasy but is now real, and gives us practical options for changing lifestyles.

WGSN MACRO TRENDS TAKEAWAYS

1. *Make it real*
2. *Expose beauty in the undesirable*
3. *Science is cool*
4. *The emergence of a new bio-psychedelia*
5. *Celebrate local eccentricities*
6. *Shapes and symbols emerge as a global language*
7. *Modernise local ritual*
8. *Sci-tech is the new luxury frontier*
9. *Local humour has a universal appeal*
10. *Reality is no longer a single narrative*

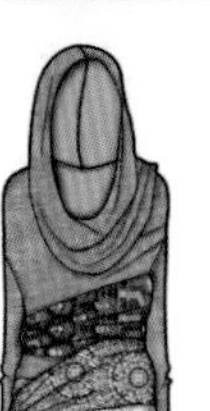

01＿WGSN

WGSN已成为面向商业客户、服装设计师与服装专业学生的主要网络资源。它向进行服装款式开发的客户提供创意点，同时还分析大的流行动向，报道所有的大型时装周、各个城市的流行趋势以及街头时尚。
摘自：WGSN

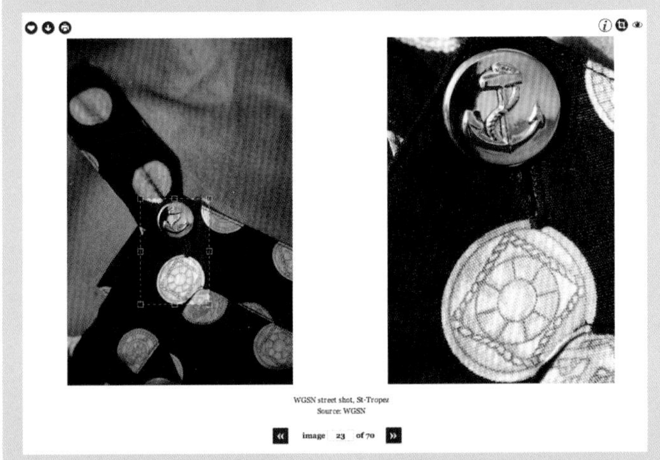

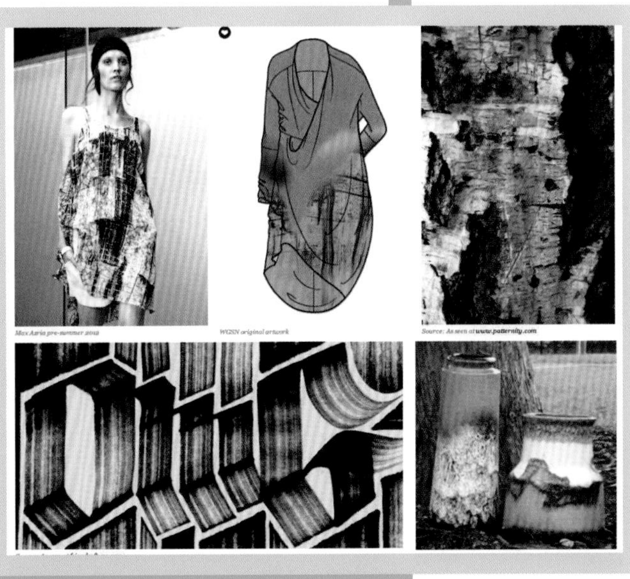

3.7 问题讨论 活动建议 扩展阅读

问题讨论

1 从服装系列中提取色彩，根据服装所用的面料，评价并讨论该系列服装所采用的色彩板。

2 参考已有的例子和新科技，讨论面料对当代服装设计的重要作用。

3 收集各种面料，认识它们的组织结构和纤维成分，并讨论它们适合怎样在服装上进行应用。

活动建议

1 选一件能给你灵感的艺术作品，并利用已有的色彩搭配系统创作一块当季色彩板。最后按季节与市场需求来展示色彩板。

2 选一个时装品牌，分析它当季的面料应用。为你所选的品牌创作一个面料故事板，并确定一个主题，以及与之相对应的色彩板，最后创作一个微型系列服装。

3 收集各种面料小样，分析每种面料的手感与纤维成分，根据你对面料的理解，设计一系列服装草图。

扩展阅读

思想成就明日帝国。

温斯顿·丘吉尔（Winston Churchill）

Baugh, G
服装设计师面料词典：面料的创意应用（The Fashion Designer's Textile Directory: The Creative Use of Fabrics in Design）
Thames & Hudson, 2011

Braddock Clarke, S & O'mahony, M
科技面料2：服装设计新型面料（Techno Textiles 2:Revolutionary Fabrics for Fashion and Design: bk2）
Thames & Hudson, 2007

Colchester, C
今日纺织品：全球流行与传统调查（Textiles Today: A Global Survey of Trends and Traditions）
Thames & Hudson, 2009

Cole, D
当代纺织品（Textiles now）
Laurence King, 2008

Collier, B; Bide, M & Tortora, T
认识纺织品（Understanding Textiles）
Pearson Education (7th ed), 2008

Holtzsche, L
认识色彩：设计师用色（Understanding Color:an Introduction for Designers）
John Wiley & Sons (4th ed), 2011

Quinn, B
时装设计面料与面料科技（Textile Futures: Fashion, Design and Technology）
Berg, 2010

Tortora, P & Merkel, R
仙童英汉双解纺织词典（Fairchild's Dictionary of Textiles）
Fairchild Books, 1996

Wilson, J
现代经典面料：完全资料手册（Classic and Modern Fabrics: The Complete Illustrated Sourcebook）
Thames & Hudson, 2010

Wolff, C
面料整理艺术（The Art of Manipulating Fabric）
Krause Publications (2nd ed), 1996

The Color Association
www.colorassociation.com

Color Marketing Group
www.colormarketing.org

The Doneger Group
www.donegar.com

Pantone Inc
www.pantone.com

Peclers Paris
www.peclersparis.com

Pitti Immagine Filati
www.pittimmagine.com

Première Vision
www.premierevision.com

Promostyl
www.promostyl.com

SCoTDiC – the World Textile Color System
www.scotdic.com

Society of Dyers and Colourists
www.sdc.org.uk

Texprint
www.texprint.org.uk

The Textile Institute
www.texi.org

Trendstop
www.trendstop.com

Tissu Premier
www.tissu-premier.com

4 服装样衣制作

目标

熟悉服装设计样衣室里的主要设备及其布局

了解平面纸样制作和立体裁剪的主要原理

明白制作坯布样衣的功能和目的

考虑适体度和尺寸在服装设计中的角色

明确服装设计中常用的缝制和操作技巧

评价在服装设计中原型样板承上启下的作用

01 — 坯布样衣
坯布样衣以实物的形式表达了设计师的初步构思。大多数坯布样衣是用一种未经染色的棉布织物来制作的,它使设计师能够随时观察和调整服装的整体造型。
摘自: Laura Helen Searle

01

4 服装样衣制作

4.1 服装设计工作室

服装设计工作室是时装设计师迸发创意并进行设计实验的专用场所。服装工作室或样衣室的基本功能是让设计师制作样衣,一般会有以下几种主要资源。

可以缝制机织和针织面料的多种**工业缝制设备**。这些机器设备能缝制出各种线迹，包括链缝线迹、锁缝线迹、多线链缝线迹、包边缝(或锁边缝)线迹、绷缝线迹和安全线迹。

有时也会用到**家用缝纫设备**，主要进行曲折缝和可调式扣眼缝等。

用于粘衬且有安全开关的**黏合机**。

有安全供水系统的**蒸汽压烫机**和**蒸汽熨斗**。有的蒸汽压烫机有真空装置,可以使服装保持整烫过的样子。

多种人体模型或**人台**，也叫“假人”，这些是由专业的公司来制作的，如Kennett & Lindsell和Stockman，他们为时装公司提供标准人台或定制人台。人台按照一定尺寸的人体体型来设计。人体模型有男装的、女装的、童装的，也有躯干模型、裙子或裤子模型,或者可拆卸躯干和腿的整体模型。有些人体模型有可拆卸的肩部，而另外一些人台附加手臂便于袖子造型。

根据工作室的大小合理安排一组**裁剪桌**。设计师将在裁剪桌上制作平面纸样,排料和裁剪面料。

保存样衣的**服装展示架**。为了便于移动，这些架子底部应该装上小轮脚。

制作样板所需要的**打板纸**或卡纸。

用于测量的**米尺**，这些尺子通常由铝制成，并且要既耐用又精确。

压放纸样所需要的**镇纸**。

在工作室中需放置一面**镜子**以便观察样衣穿在人体上的情况。

其他工具，比如**柔韧的皮尺**、**纸样刀眼剪**、**钢针**、用于裁面料的**剪刀**和用于裁纸的**剪刀**（这两者不应该混用）、**划粉**、**款式标识带**、**缝线拆线器**、**针点描样滚轮**、**硬铅笔**、**橡皮**、**打板尺**、**曲线板**或者测量45度和90度角的透明塑料三角板。

01 — 工具
A 皮尺
B 剪刀
C 钢针
D 裁纸剪刀
E 剪线头的轻便剪刀
F 透明的绘制纸样辅助尺子（上面显示有打板专用曲直线）
G 透明三角尺
H 描样滚轮
I 金属米尺
J 纸样刀眼剪
K 不透明胶带
L 拆线器
M 梭芯和梭壳
N 划粉
O 原型板（衣身原型）
P 各种缝纫机压脚
摘自: Alison Wescott

02 — 设计工作室
这间服装设计工作室很典型，很多大学的样品工作室都是这样的。在工作室里，工业平缝机摆放在离自然光比较近的地方，同时还有裁剪台和符合样品尺寸的人台。服装设计的学生共用这些地方，进行立体裁剪并制作样衣。

01

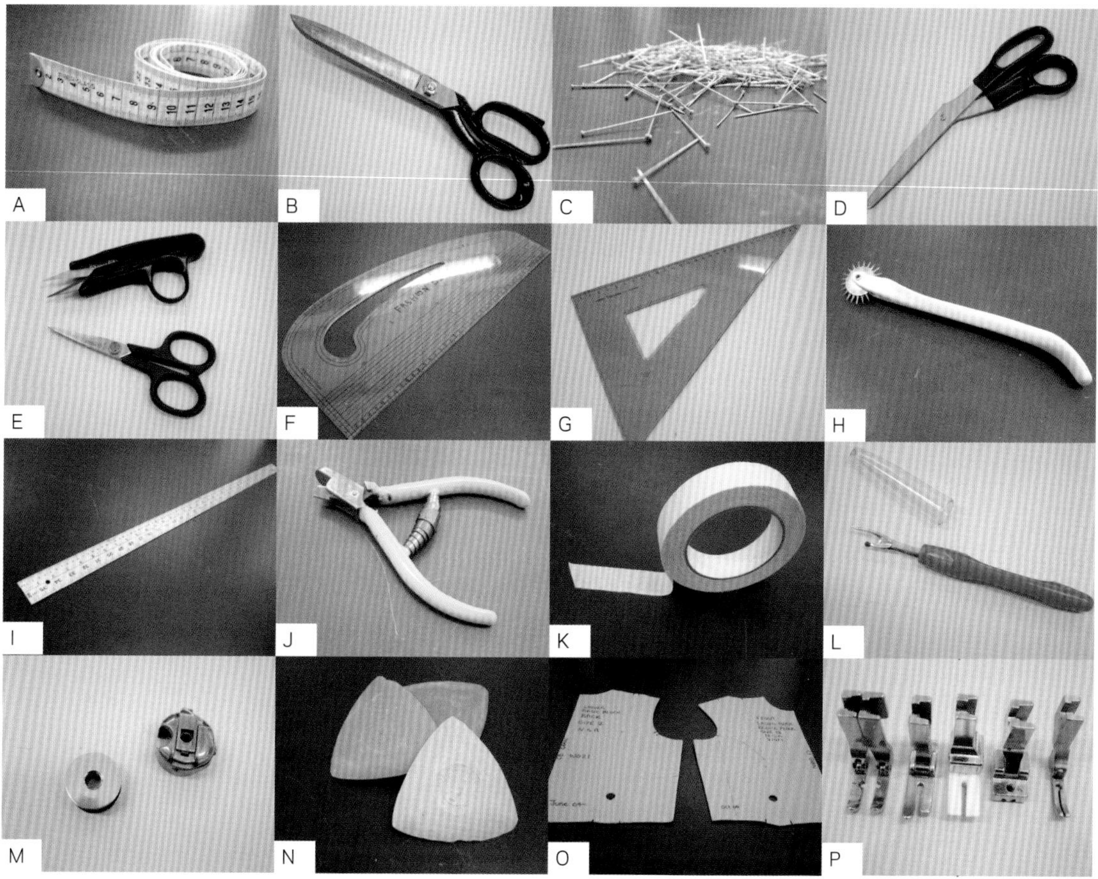

02

4.2 号型和尺寸测量

服装设计的很多过程都会涉及号型和尺寸测量。在服装工作室中要制作一个原型样衣，测量尺寸是一个重要的步骤。但是尺寸测量不应该和号型混淆，号型具有更广泛的应用，包括纸样放码以及将尺寸按照商业生产或零售需要进行分类。

商用号型

服装号型已经在各国得到重视，比如英国和美国商业部组织了全国号型调查。但是国际差异仍然存在，欧洲按照公制系统，而美国则按照英制系统。这些测量尺寸形成了国际标准号型系统的基础，而这些标准号型系统也是要定期进行号型调查的。号型调查显示，男性和女性的平均体型在随着时间变化，那些以20世纪50年代女性为基础测量得到的数据已经不能反映当今女性的平均尺寸了。若把年龄、种族以及生活方式也考虑在内，大量的证据显示：号型系统反映了国民特征，且两者都随着时间同步演变。

在英国，全国号型调查采用三维人体扫描仪，以保证获得的数据更加精确。这项调查采用的是伦敦一家时装技术公司Sizemic的先进测量技术，共测量了11000个人体样本，从每个样本获取130个坐姿和站姿数据，结果表明人体号型尺寸和以前记录的数据有非常大的变化。

服装号型也跟服装类型有关。很多休闲装是按照小号、中号和大号来划分的，而童装则是以年龄来划分的。男女商务装等正装是按照一定的数率划分尺寸的。男装中，在同一个号型中提供额外的适体度数据也很常见，比如短、常规和长。对于定制服装，例如高级晚装或婚纱就要按照客户的体型特征单独地进行尺寸测量。这样，我们也就了解了服装号型对服装裁剪、适体度和外观的影响和作用。

进行测量

从服装设计的角度来看，一件夹克可以按照宽松或紧身的适体度来进行裁剪，但两者都要采用同一个尺寸标签。而从号型的角度来看，服装设计师或服装设计的学生会在符合样本尺寸的人台上工作。在英国，女装的人台尺寸通常是10号或12号，在美国是8号或10号，男装是38号或40号。了解如何测量，是把一个概念转化为一件样品，或从平面的纸样转化为立体裁剪时最基础的步骤。

以下列出女装中最主要的一些人体测量尺寸：

- 胸围
- 腰围
- 臀围
- 后颈点到腰线（背长）或臀线的距离
- 腰到臀或膝的距离
- 侧颈到肩的距离（小肩宽）
- 颈到腕的长度
- 腕围
- 裤子的直裆长（按照坐姿来测量）
- 前直裆和后直裆（用于裤子测量）
- 大腿内侧长

很多大学的设计室都备有一系列人台和对应的纸样，这种纸样在美国被称为和人台的尺寸相一致的服装原型。适合人台的原型板，使得设计师在完成第一件样衣前不需要修正样板，从而更有效地工作。

01

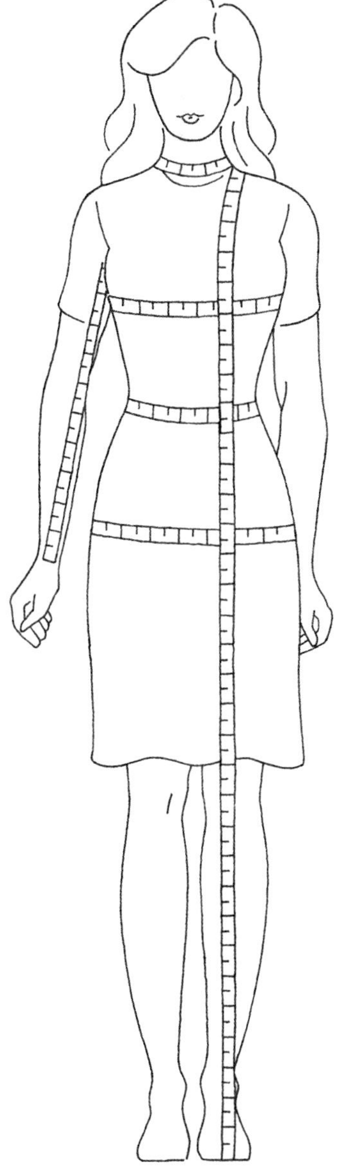

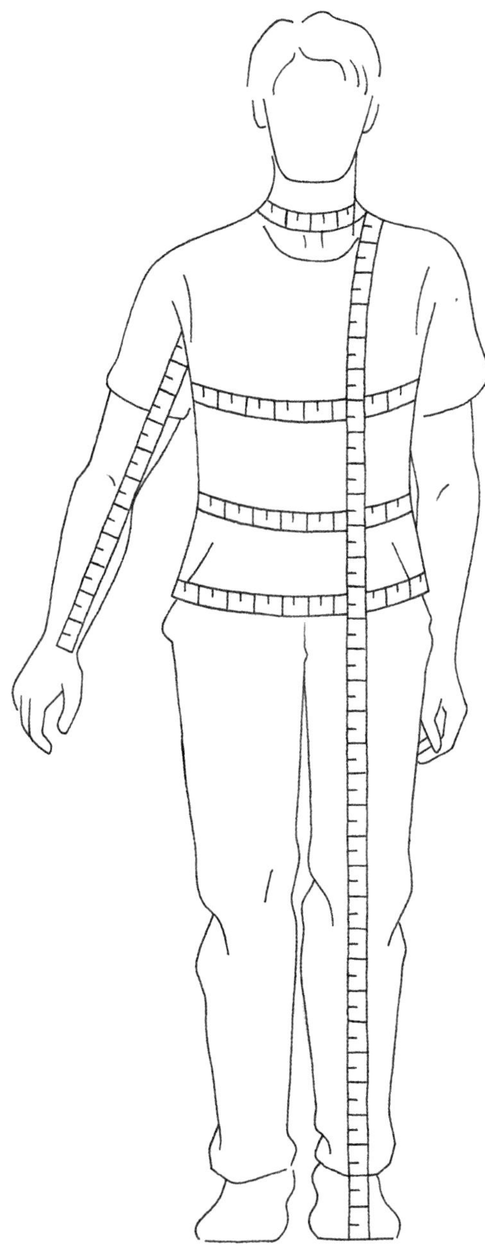

01 — 测量尺寸
测量尺寸是准备平面纸样和制作样衣的基础。在大部分的样衣纸样中，测量尺寸还要考虑放松量和缝份。
摘自:Penny Brown

4.3 纸样设计

纸样设计大体上描述了在人台上将二维的设计转化成立体造型的过程。设计师将纸样转化成坯布样衣，需要将技艺和三维想象能力相结合。将平面纸样转化成服装时始终要考虑长度、宽度和围度。

样衣纸样

对大多数服装设计师来说，纸样设计不仅是裁剪一个准确的纸样，还涉及如何创造性地转化时装效果图等设计资源。在服装企业中，纸样设计还要考虑成本和制作要求。在样板房或设计工作室产生的第一个纸样称为样衣纸样。这种纸样可以画在纸上或者薄卡纸上，但是为了形成生产纸样，还需要对其进行“修正”。为了便于制作，生产性纸样要画在硬卡纸上，它们要非常耐用，并且适合按规格放缩样板（嵌套式放码）。生产性纸样上还要包括缝份、刀眼、纱向、尺寸、款式名称或编号以及裁剪说明。

原型板

时装专业的学生对于原型（Block或Sloper）一定非常熟悉。这种纸样是通用的，没有款式限制也没有缝份。时装原型基于标准测量系统，属于比较简单的纸样，如衣身原型、裙子原型或裤子原型。衣身原型可以按照适体性进行修改，如加胸省。原型是制作变化款服装纸样的基础，但是在原型的应用方法上，制作机织服装和制作针织服装要区别开来，因为两者对放松量的要求不一样。

原型（Sloper）

原型在美国被称为Sloper，是用于绘制变化款式纸样的基础。

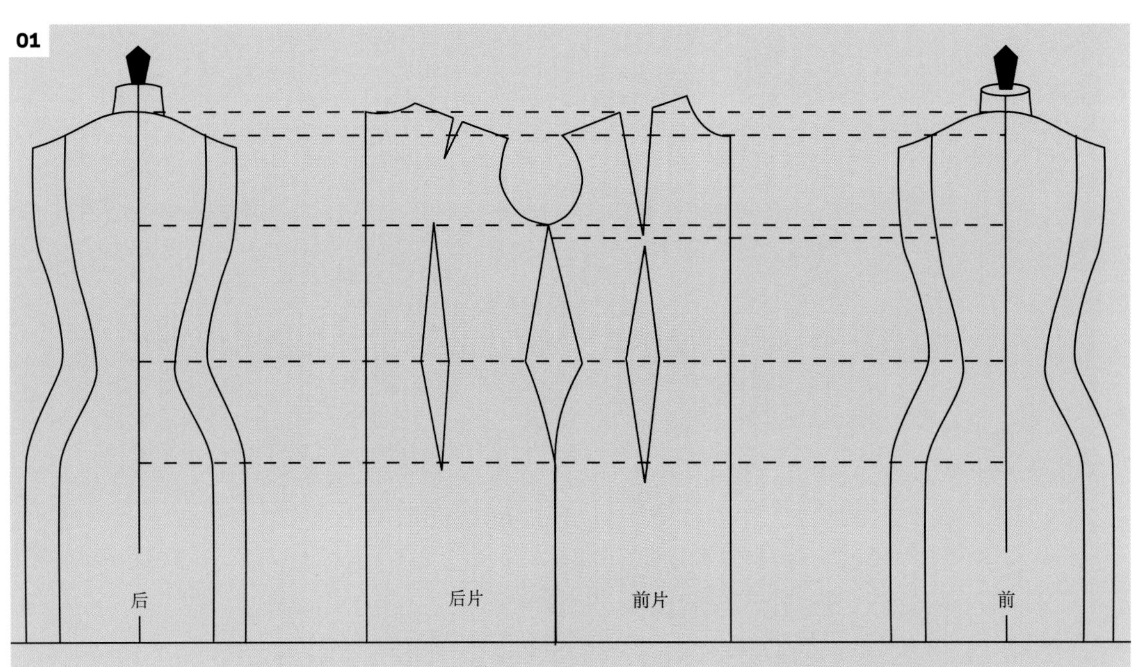

01 — 原型
平面纸样应该满足胸围尺寸，同时也要满足长度和宽度尺寸，因此，设计师要考虑每个设计的侧面和背面效果。

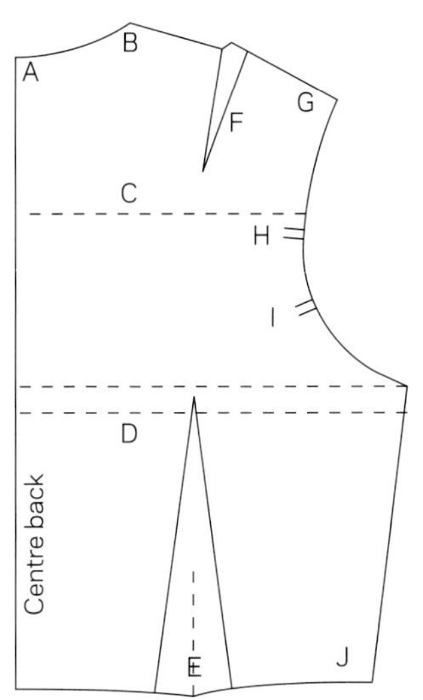

1/4比例的衣身原型

1/4比例的衣身前片原型

1/4比例的袖片原型

A 颈后中点
B 肩颈点
C 背宽
D 胸围线
E 后腰省
F 肩省
G 肩点
H 后对位点
I 缝制刀眼
J 腰线
K 缝制刀眼
L 前对位点
M 胸省
N 胸高点
O 前腰省
P 领口

1 后对位点（袖子）
2 肩点
3 缝制刀眼
4 前对位点
5 袖宽线
6 缝制刀眼
7 后臂线
8 中线（袖子）
9 前臂线
10 肘线
11 袖底缝
12 袖口线
13 肘省

02 — 造型线
胸省和腰省可以在不同情况下连省成缝，形成不同的造型线，可以产生很多创意设计。

03 — 省道转移
了解收省原理是将二维的纸样转化为立体造型的基础。

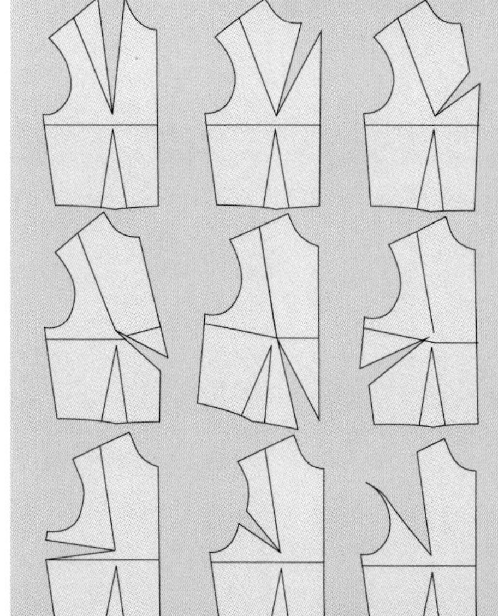
03

02

纸样是在原型的基础上运用缝迹、褶、裥等服装元素描绘出来的图纸。在服装企业中，第一个纸样常常由资深的纸样师绘制，但设计师也要清楚整个纸样绘制的过程。纸样绘制常常从设计师的草图或工作图开始进行，工作图要求有服装的正背面效果，造型线要清晰。接下来就是选择合适的原型。若采用一个错误的原型只会浪费时间，还可能导致纸样不适体。用一支削尖的硬铅笔，比如2H铅笔来画纸样。准确性是很重要的，因为任何误差都可能导致纸样不能对合。用三角板或曲线板可能会有些帮助，所有的线条都要非常仔细地用手工绘制。掌握省道操作和基于原型的省道转移技术是产生很多新颖造型纸样的关键。采用 “展切”和纸样扩展技术可以增加纸样的宽松度。

用描样手轮将所有的纸样片都描绘出来，每一片上都要很清晰地打上标记，标出丝缕方向、刀眼和裁剪说明。在裁剪出每一片时也要考虑到缝份，缝份的大小根据各部位的功能需求而有所变化。

纸样裁剪要点

用削尖的硬铅笔，比如2H或类似硬度的。较软的笔画不出准确的线条。

准确测量并画出所有的线条，尤其是缝份。

使用打样专用曲直线尺或有45° 和90° 角的塑料三角板，以保证直角和斜线画得准确。

先画出一个纸样草图，后面如果需要可以参照这个图进行修正。

纸样片必须要能对合，所以在裁剪之前一定要好好检查。

纸样必须跟将要使用的面料对应起来。

确定门襟和扣合件在纸样上已经标记出来。

为设计选用正确的原型。

查阅笔记或参考书，以获得更优良的裁剪。

做出样衣，评价其适体性和纸样对款式的表现是否到位。

在样衣上标记出需要修改的地方，并把它们转移到纸样上，在必要的地方进行修改。

在开始裁剪纸样之前确保工作图非常清晰。

在所有的纸样片上标注相关信息，如经纬线、对位刀眼、纸样尺寸、纸样款式，以及缝份和裁剪片数的裁剪说明。

把所有的纸样片存放在一起，包括你所画的纸样草图。

01

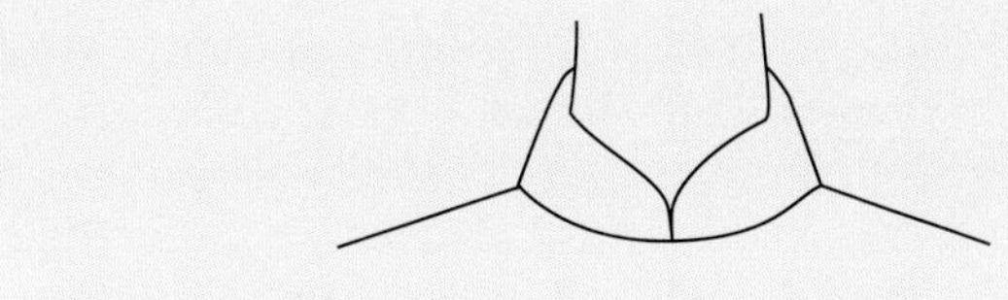

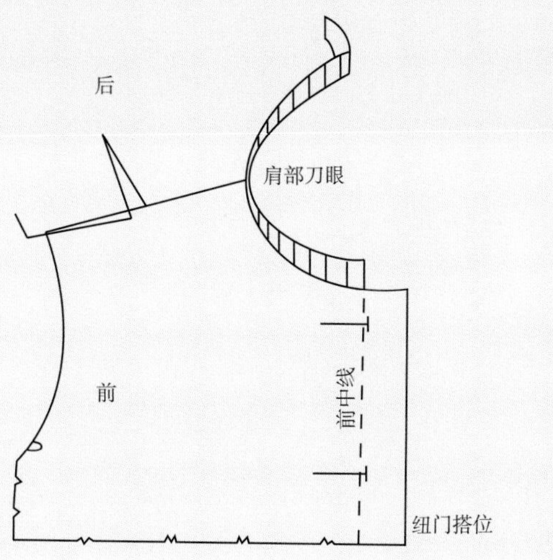

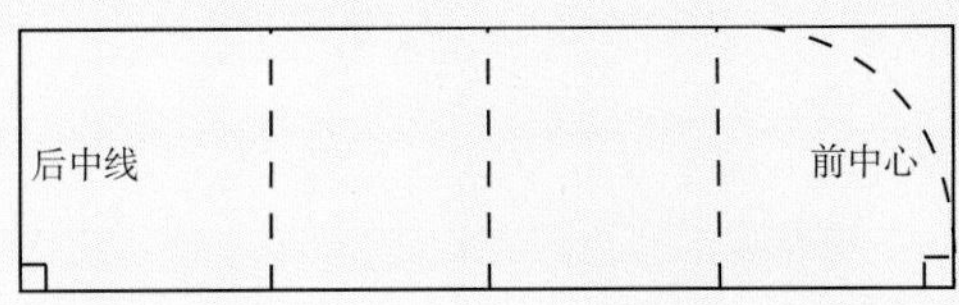

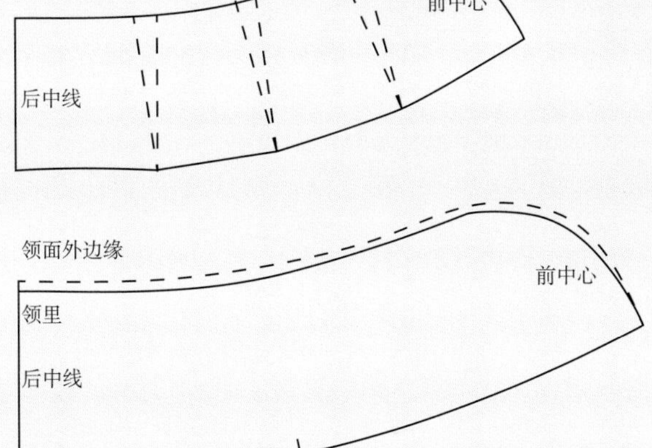

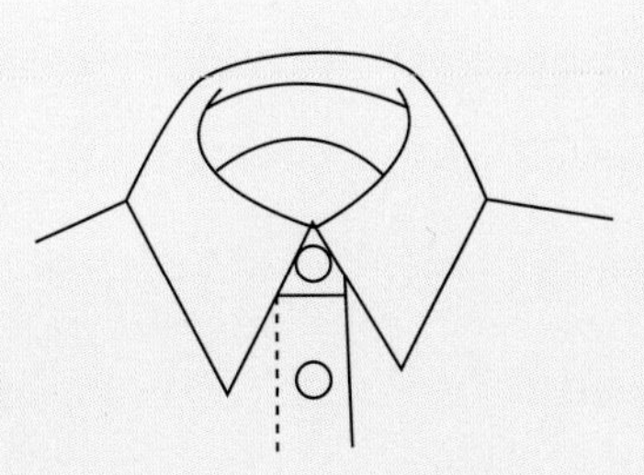

01~02 — 领座

绘制领座前要测量一系列颈部数据，确定服装前中线的位置和扣眼位置。很多领子是带领座的。领座支撑着领子，所以领座要符合颈部造型并且非常舒适。

02

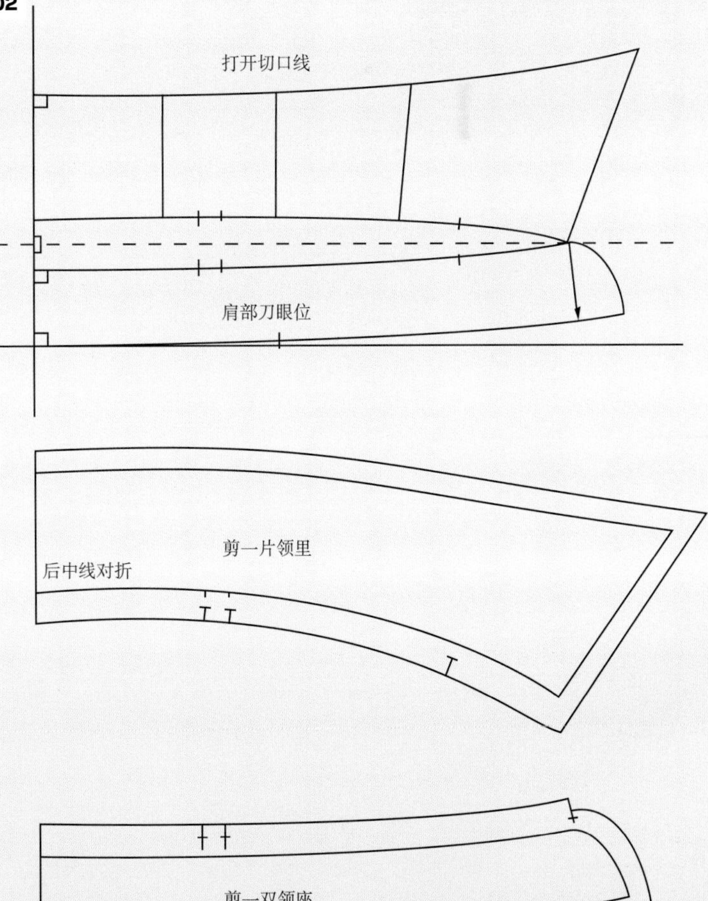

4.4 立体裁剪

立体裁剪技巧

立体裁剪是一种直接在人台上用面料工作而产生纸样的方法。这种方法可以很快得到结果，但需要有娴熟的操作技巧，这一点是可以通过学习和实践提高的。一些设计师更多的是凭直觉来进行立体裁剪，前提是他们必须懂三维造型。

立体裁剪并不是企业中常用的生产方法，但的确给设计师提供了一种在探索造型和适体性关系方面的创作经验。立体裁剪适用于各种梭织或针织面料，既可以创作出合体的造型也可以产生宽松的外观。这种方法在女装上比在男装上用得多，尤其对斜裁款式、晚礼服、婚纱和一些创意款式很适用，能马上看到效果。

在立体裁剪之前，仔细选择人台是非常重要的，要确保它能够提供正确的造型并很稳固。在人台上清晰地标记出胸围、腰围和臀围的位置。立体裁剪要根据你所选择的面料进行，是采用直丝缕、横丝缕、斜丝缕，还是45° 正斜丝缕进行操作，都会影响到悬垂效果。

在人台上直接工作之前还应该仔细检查面料是否有瑕疵，然后在面料上画出前中线直丝缕和胸围线。有些面料需要在使用前去除不必要的折痕或进行预缩，因而要先熨烫。确保你用的是质量好的立裁针，并且有一把锋利的大剪刀或裁缝剪刀。

当你直接在人台上工作时，了解平衡是至关重要的。是否平衡要看面料在人台上悬垂的效果。不管你是用直丝缕还是斜丝缕，你的设计应该是平衡的，没有任何未经设计的拖拽、扭曲或面料拉伸。一旦出现这些现象就表明设计是不平衡的，要及时调整，然后才能继续进行立体裁剪。

为了保证前中线是直丝缕，下摆线是横丝缕，可以应用“铅锤原理”，放一条铅锤线来检查面料的悬垂方向。只有将人台准备好，找出面料直丝，才可以开始立体裁剪操作。

大多数服装设计专业的学生都是从基本的衣身原型开始学习立体裁剪的。衣身原型立裁是采用省道收去衣身余量，塑造合体造型的过程。通过练习，学生能了解省道与胸高点之间的关系，做好的样衣肩缝和侧缝应对称。当衣身原型完成后，应准确地标记出所有的测量点，如领弧线、袖窿弧线、每个省的长度等。标记完后，把面料从人台上取下来并且放平，这样所有的标记都能用描样手轮转移到打板纸上。这是一项技术性的工作，需要准确和耐心，但也是一个很有用的平台，你可以进一步立体裁剪也可以用立体裁剪获得的纸样进行平面纸样变化，从而开发出更多的款式。

01 — 立体裁剪
如图的立体造型操作演示板展示了立体裁剪的过程。立体裁剪是另外一种产生纸样的方法，需要一定的技术水平和精确度，它让设计师能够根据不同的款式进行造型实验，并评价其比例是否协调。
摘自: Laura Helen Searle

传统的纸样技术是从平面的面料裁剪出一个平面的外形，我觉得这是不考虑人体造型的做法。

寇吉·塔苏诺（Koji Tasuno）

01

4.5 缝制

缝制不单指拼接、组合、缝合面料，同时还包括测量、描样、裁剪和熨烫。大多数学服装设计的学生都熟悉“边做边熨”这样一个术语，指的就是在缝纫的接合处要进行熨烫。

缝制是一项技术，有既定的规则和操作要求。和大多数技术一样，它是可以通过实践来提高的，而且要求细心和精准。在服装业，很多设计师和设计工作室都雇佣一些做样品的缝纫工，他们负责将裁片组合成一个完整的样衣。裁片是按照纸样裁剪出的面料，缝纫工要按照设计要求做出样衣来，制作过程中还要参考详细的表格或草图。学服装设计的学生最好自己缝制样衣，这样一定能从中学到经验。在企业中，大多数设计师并不需要亲手缝制自己的设计作品，但他们需要监督整个过程。

手缝

手缝是一种凭触觉工作的过程，涵盖了假缝（Basting）、粗缝、卷边缝以及刺绣类的装饰线缝。手缝一定要在好的光线下进行，所用手针的种类根据不同的缝纫方法和面料而变化。尖头的手针可以用于一般的缝纫，并且有各种尺寸可供选择。圆头的手针多用在针织面料中。皮革和刺绣都需要特殊的针来手缝。

假缝（Basting）

假缝是一种固定服装边缘，或暂时固定裁片的针法。这种针法不需要用力，而且在最后的样品或服装中要将假缝线迹拆除。

平缝线迹

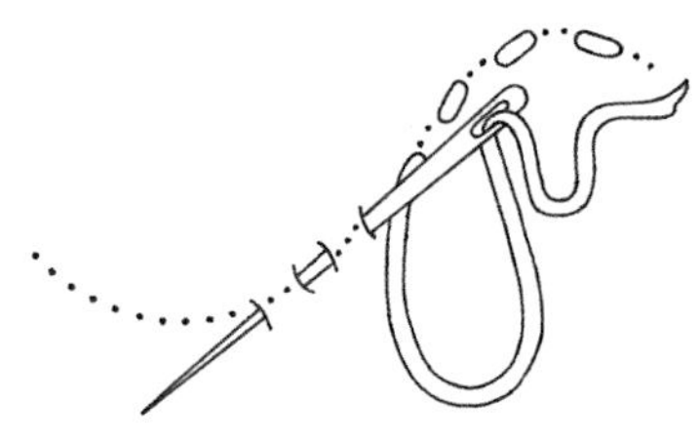

平缝线迹是指将两片或更多片的面料假缝在一起，对初学者来说是一种很好的入门针法。

缲缝线迹

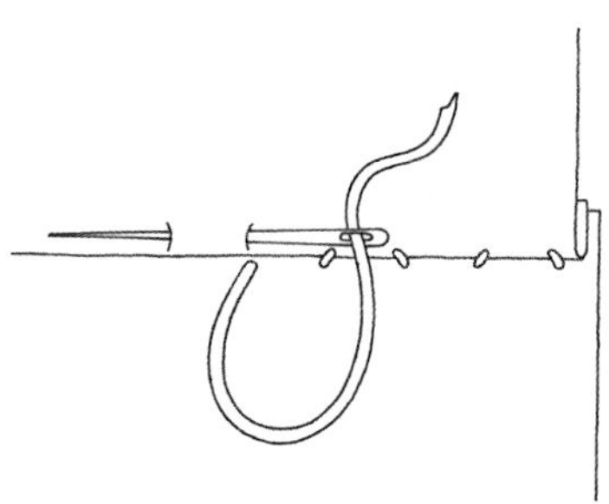

缲缝线迹是一种几乎看不见线迹的针法，是在下摆或腰带等折边上缲缝而形成的。

线丁

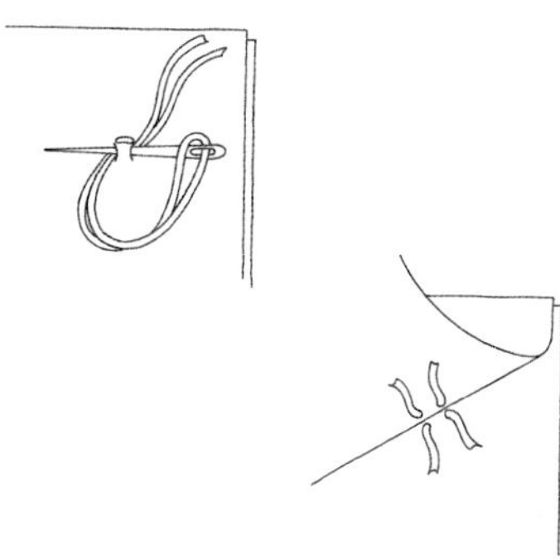

打线丁是一种将缝合细节和对位点转移到面料上去的针法。

回针

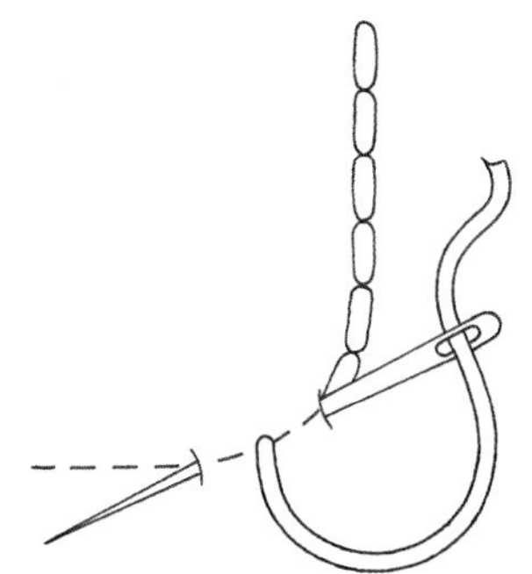

回针是最牢固也是用途最多的一种针法，可以用来加强或修复一条缝线，看起来像机缝线迹。

拱针（短回针）

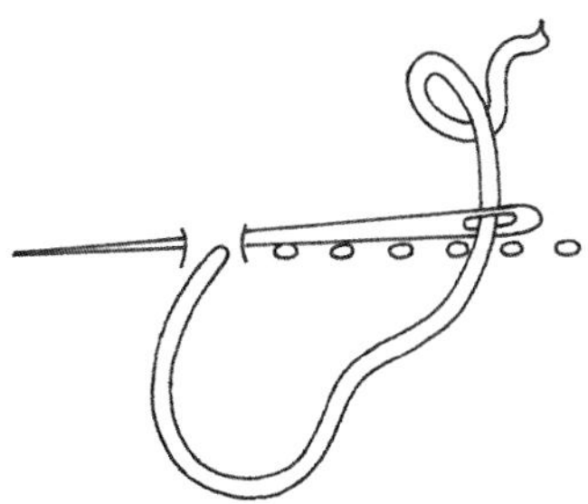

拱针是一种变化的回针针法，只是不挑起下层的面料，它主要作为装饰性的面缝线迹。

箭头形加固针

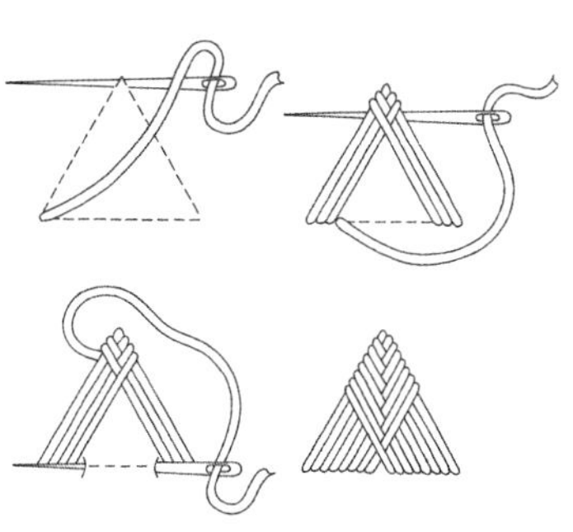

箭头形加固针有一个明显的三角形外形，它用于加固受力点，比如口袋角或者阴裥的端口处。

暗缝线迹

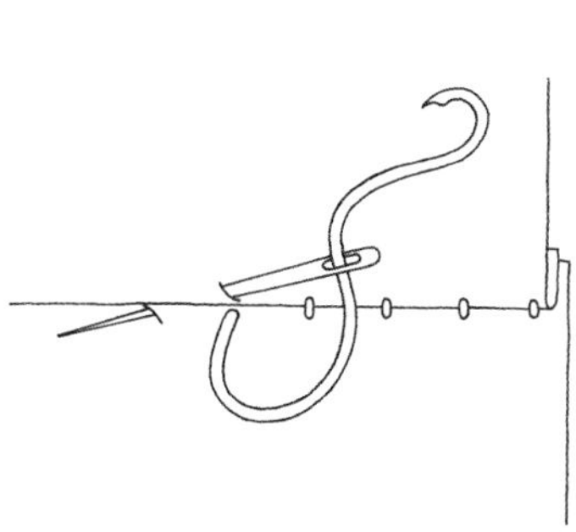

暗缝线迹是在里面缝合的，缝线在下摆和衣身的中间，所以是看不见的，下摆边缘也藏在缝线内。

杨树花线迹

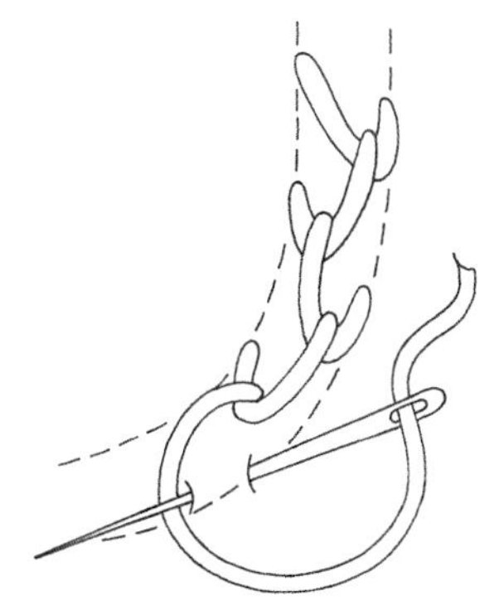

杨树花线迹是一种装饰性线迹。按照给定的方向在两侧交替缝纫形成独特的外观。

打套结

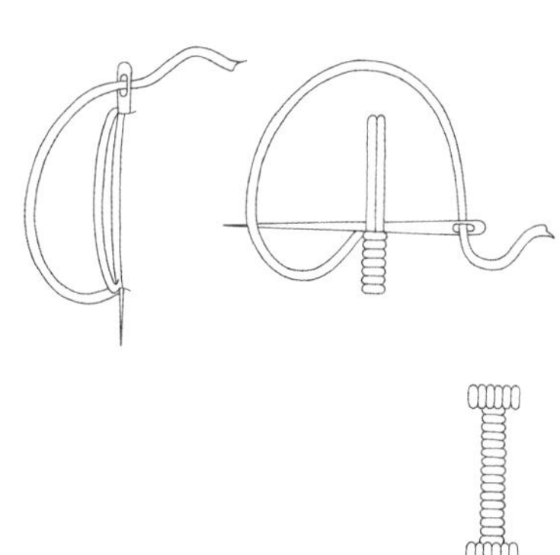

打套结是直接用于受力点的加强线迹，这种针法可用于扣眼边缘或者口袋角。

机缝是采用工业缝纫机或者家用缝纫机进行的操作。所有的缝纫机都需要一个面线团，让线穿过夹线盘，再穿过机针，还需要一条放在梭壳里并缠在梭芯上的底线。在面线和底线之间的装置要建立一个合适的张力，这样当压在压脚下面的面料随着脚踏板和送布牙前行时，针迹是均匀而平衡的。压脚下面的底、面线都准备好了才能开始缝纫。让自己熟悉缝纫机的每一个部件是很有用的，要找到缝纫的“感觉”并能控制机器，可以先练习平行线的缝制。所有的缝纫机都有自己的特点，只有通过不断的实践，机器才会“听话”。

不同种类的面料要使用合适的机针，这一点很重要。针织面料比如单面汗布要采用圆头机针，而机织面料要采用尖头机针或者非常细的机针。缝制皮革需要三角尖头皮革专用机针。机针的尺寸也不同，所以在缝制面料前要先检查你所用的针。你可以参考这个规则：纱线越细，所用的针就越细。针距大小也要根据面料的重量、结构和质地来考虑。缝线也要很仔细地选择。涤纶丝线是用途最广的一种缝线，但在缝制前也要先检查一下，比如刺绣和明线需要的缝线就不同。缝纫机也配有很多不同的缝纫压脚，这些压脚要根据缝制要求进行更换。常用的压脚有拉链压脚、扣眼压脚、接缝压脚、碎褶压脚、用于缝制皮革的特氟龙（Teflon）压脚、粗缝压脚、刺绣压脚和直线缝压脚。

缝制小常识

在缝制前先剪下一截面料进行测试，还要熨烫一下，看看面料的反应。

把缝线作为设计的一部分加以考虑。缝线将会随着制作的方法、所用的面料和服装类型的不同而变化。在设计阶段就应该确定好所有的缝线。

考虑所有边缘的处理方法，包括下摆的处理。这个也会随着制作的方法、面料和设计的不同而变化。

把贴边和服装的开口处作为设计的一部分加以考虑。这些要在试样阶段缝制好。

在缝制之前熟悉面料的丝缕方向和缝份量。

在做样衣前测试所有衬布的性能。

记住，在缝制前选择合适的针和线。

我喜欢做一些平常且令人感觉舒服的事情，我要把它们做成世上最奢华的事情。 马克·雅可布（Marc Jacobs）

01 — 样板室

服装设计样板室为做第一件样品提供了便利条件。这些样板室常常由技术人员管理和维持，以保证有一个安全的工作环境。

4.6 坯布样衣

如何使用坯布样衣

坯布（Toile）样衣或平纹细布样衣代表一款设计转化成面料以后的头板，并以此来检验板型的好坏。在用面料做出样衣之前，坯布样衣被用于评价最初的设计，或根据需要调整设计。这种样衣是半成品，但为了满怀信心地向最终的设计迈进，一定要重视这种样衣。

在历史上，立体裁剪试样是法国高级时装系统的一部分。这种模式是为个人定制的顾客和富裕的老主顾做的，以确保服装适合他们。在为一件设计作品裁剪昂贵的面料及投入大量的时间和精力之前，立体裁剪试样能让设计师审视设计的各个方面。20世纪30年代，由于经济不景气，众多时装屋失去了富裕阶层的顾客，为了提高销售量，当时很多时装屋都为自己的商品贴上了"巴黎设计"的标签。出售样衣成为一些时装屋稳定收入的来源，来自巴黎的服装设计很畅销并被大批量生产，进而逐渐形成我们今天所说的高级成衣产业。

坯布样衣是一种测试和确认原始设计既实用又节约成本的方法，它通常用于生产或者按照顾客尺寸进行制作之前。坯布样衣的制作过程提供了一个围绕最终的成衣效果而展开的进行服装实验、探索和评估创意的机会。坯布样衣的最大的优点是在制作最终样衣之前，能很方便地进行各种整理，表面装饰和开口处理。另外，还可以在样衣上对需要修改的地方进行划线和标记，以便转化为样板。复杂的设计或者当设计有很大变动时，可能需要制作第二件样衣。最后，在工作室中以此方式得到的样衣，应该从设计的角度进行全面测试和评估。你可以在笔记中采用多种方式、多个角度，拍摄或绘制出坯布样衣的制作过程。样衣审查要在标准人台上或者穿在模特身上进行。对设计师来说，制作坯布样衣的过程是非常有价值的。

制作坯布样衣的指导方针和原则：

坯布样衣可以用于测试和确认样板。

坯布样衣可以帮助你认识和解决款式、裁剪、造型等方面的问题。

坯布样衣可以用于练习和提高缝制、拼接和后整理的技能。

坯布样衣可以协助评估设计中的线条、比例和平衡关系。

通过制作坯布样衣可以总结出正确的设计流程。

坯布（Toile）

坯布（Toile）是一个法语单词，意思是亚麻布或帆布。传统的亚麻帆布或白棉布常用于表现结构感强的款式，而白色平纹细棉布则用于表现线条更为流畅或更具垂坠感的款式。

01 — 坯布样衣

制作坯布样衣可以使设计师从多个角度去审视样板，在形成最终样板之前，还可以对整体线条和平衡进行评估和修正。

摘自：Laura Helen Searle

01

4.7 适体度与后整理工艺

适体度是指服装的外观和给人的感觉。它与款式、外形、面料、制作方法和号型等因素相关。坯布样衣或最终样板要符合服装设计师或买手们的商业眼光，也就是说，服装应该满足企业对适体度的要求，同时兼顾服装的风格、目标客户和市场水平。

适体度

正如之前所讨论的，服装的适体度取决于许多综合因素。适体度代表了剪裁的水平。一件衣服可以裁剪成强调人体曲线的样式，也可以在身体四周添加松量裁成宽松的样式。这在很大程度上取决于设计，但却直接影响着服装的适体度，特别是廓型和比例。平衡是适体度的另一个要求，在制作样衣时应予以认真判断。这里有一个判断的方法：从四面观察，衣服的前后左右看起来是匀称的。但这并不意味着服装一定要对称，而应理解为：与设计要求相符，边缝是对齐的，底摆是均匀的。若平衡性不好，则应该重审样板或者检查缝纫，修改样衣使其达到合理的状态。

适体度也受到号型规格的影响。两件适体度完全不同的衣服可能有相同的尺码标签。例如，来自于同一服装品牌，一件10码的女士衬衫与一件10码的女大衣，它们的适体度是不同的，因此每种服装都有与其功能和面料相对应的适体度要求。

松量

跟适体度相关的另一个名词是“松量”，要理解它是一件很有挑战性的事情。松量可以理解为真实身体尺寸和成品服装尺寸之间的差异。大部分服装的松量用于调节穿着者的舒适感和运动量。当用原型样板工作时，很容易忘记添加松量，主要是因为样板是从静止的人台上获得的。真实的人体需要进行呼吸，这就形成了基本的运动，再加上走、坐、举等其他运动，松量对大部分服装来说就显得必不可少，但松量还取决于面料的性能。弹力和双向弹力面料方面的技术已经有很大发展，这些面料不需要加松量。而梭织面料通常仍要求根据服装的类型和目标顾客来添加松量。

最后，对于所有服装公司来说，适体度是一个重要的商业要素：不论一个款式看起来有多好，如果它对于顾客来说不合身，那么它也销售不出去。

01～02 — 后整理工艺
对样衣的后整理应该根据服装品种和市场价格来确定。后整理工艺能为最终设计增添各种实用和装饰功能。
摘自：Lauren Sanins

01

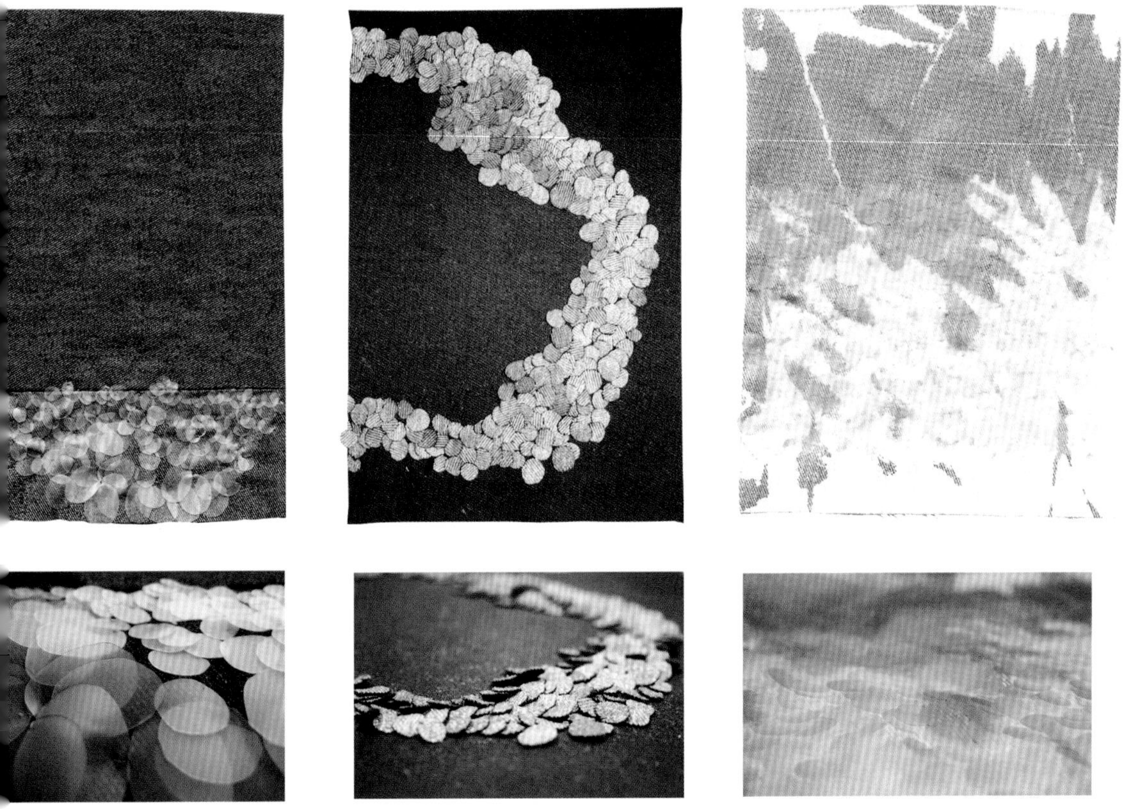

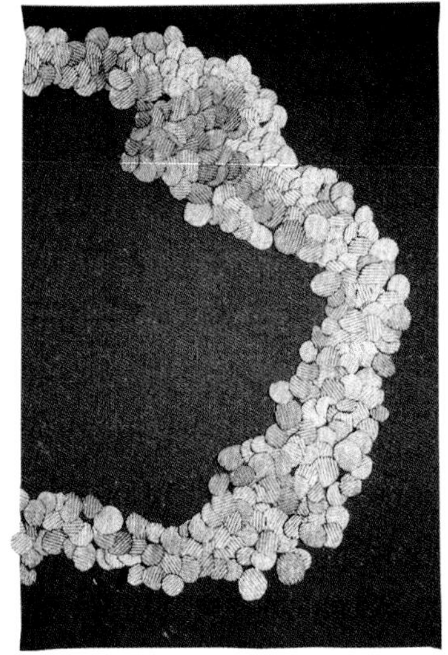

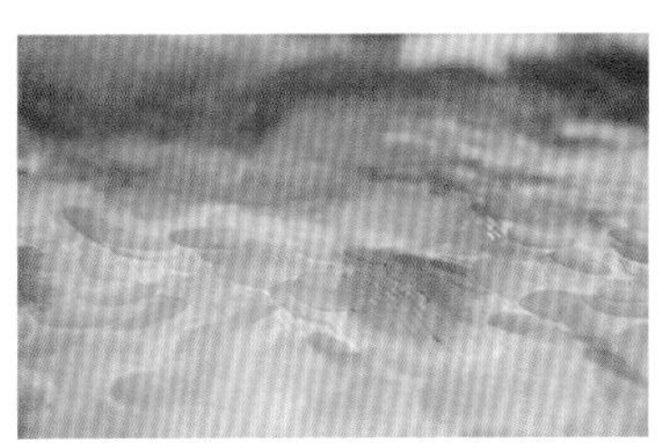

02

silicone sequins over coated metallic cotton drill

suede

"waterproof sequins"

coated nylon

silicone sequins over coated metallic cotton drill

coated linen

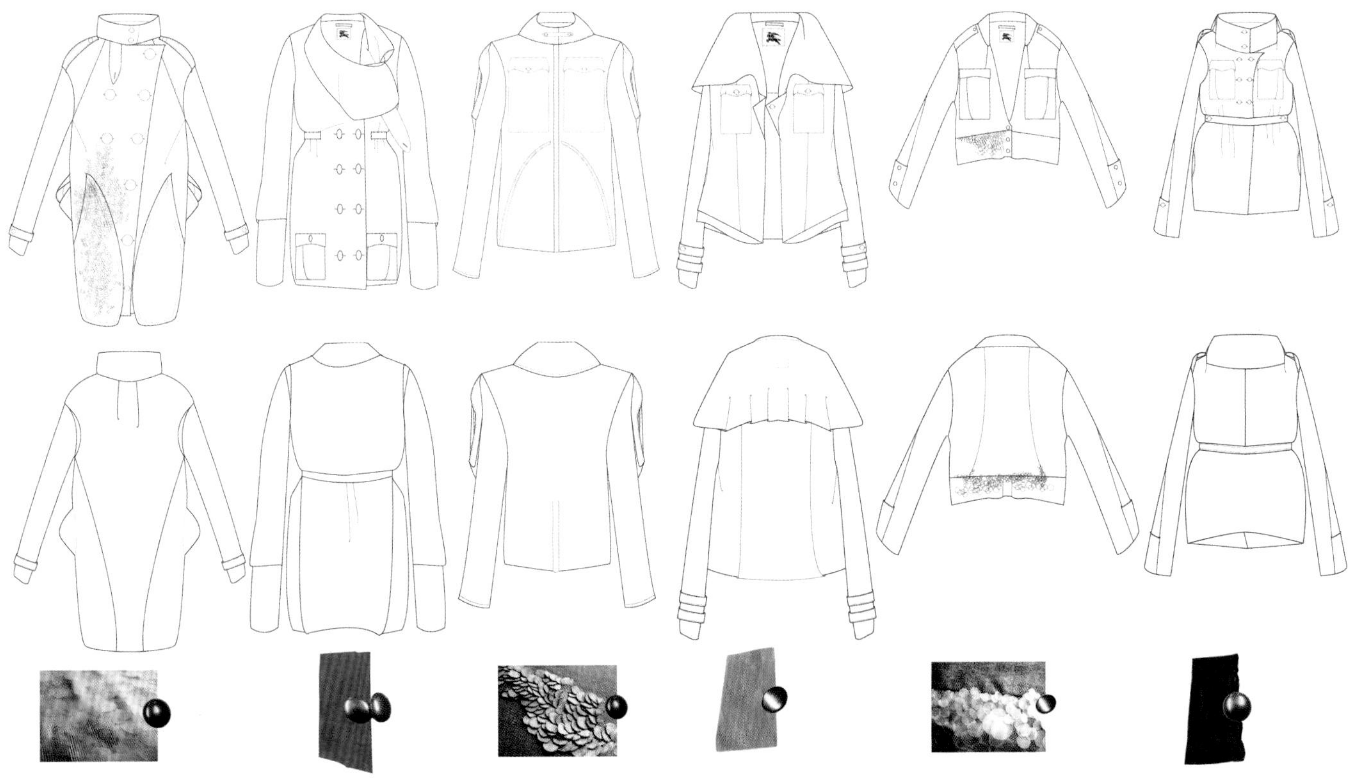

服装后整理工艺的标准不尽相同，依据服装品牌的市场要求和加工企业的生产能力而定，但也反映了一个公司的产品质量标准。这涉及封样的生产制作，封样是两件完全相同的样衣，并符合服装公司的产品要求。一件样衣给制造商；另一件由服装公司保留，这样在生产制作时，双方就有了一致且不变的质量标准。

学服装设计的学生常被鼓励去制作一件堪比著名成衣品牌的高标准样衣，但是只能在大学的设计室里进行制作。一些学生更喜欢用精湛的手工来完成样衣，这是很好的练习，但如果是商业用的成衣，就需要调整制作方法。

大部分学服装设计的学生都会考虑到接缝、边缘、贴边和开口等部位的后整理工艺，并且每一个工艺的使用都要结合服装的种类、采用的面料和设计特点来考虑。

接缝

图示是梭织物的主要接缝工艺。

搭接缝

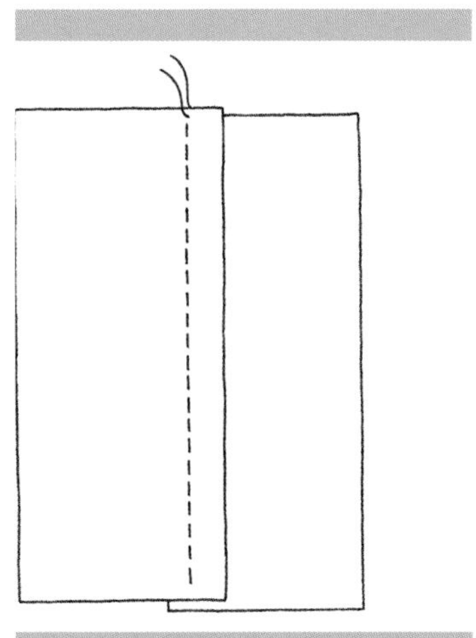

搭接缝是正面压线，常用于去除多余的量。

如果我有既省钱又能做出高档服装的方法，我一定会去做。对于低成本的服装，你得想想它为什么成本低。 **缪西娅·普拉达（Miuccia Prada）**

平缝

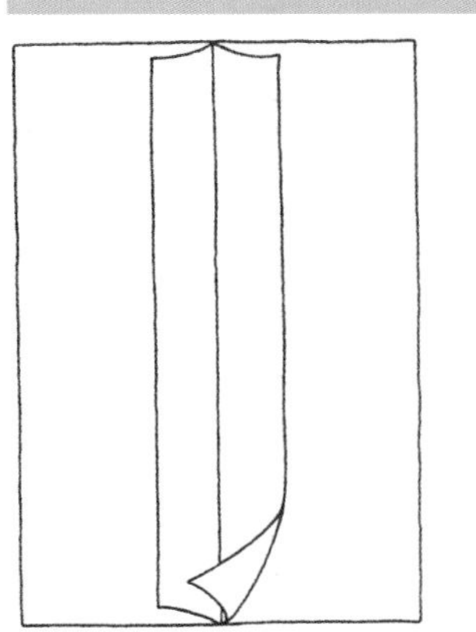

平缝是最基本的面料缝接方法，平缝时将两片面料正面相接，烫开缝份。根据工艺要求布边可以锁缝。

卷边缝

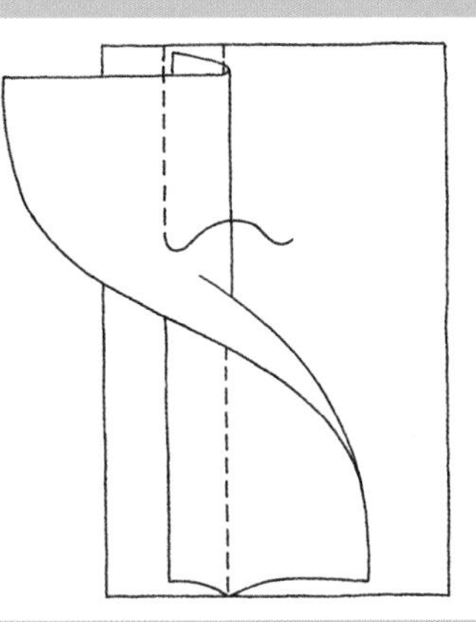

卷边缝是在正面压线，一片的缝份需修剪，且包于另外一片的缝份内，常用于运动服中。

来去缝

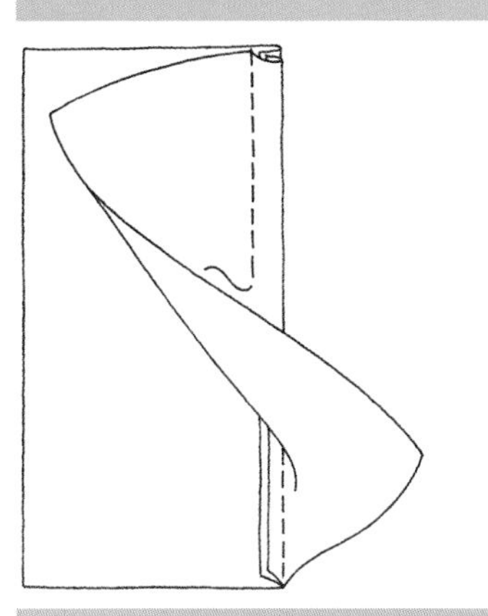

来去缝能盖住缝头且外观整洁干净，先在两片面料反面缝合，然后折叠、修剪，并在正面缝合，这种缝制方法适合透明薄织物。

包缝

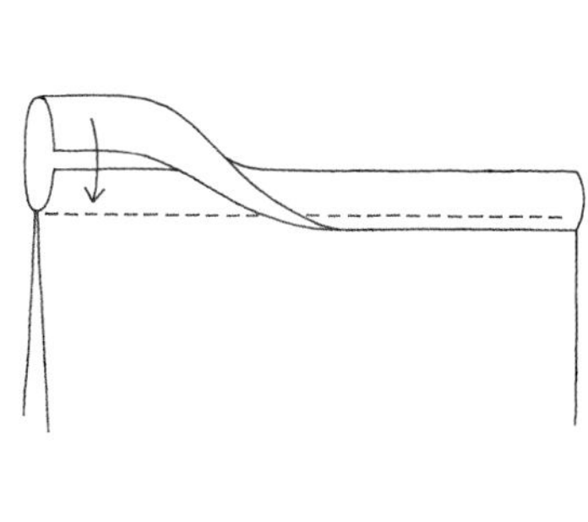

包缝是先用平缝的方法缝合两片面料，一片包住另一片再车一道缝线。

平接缝

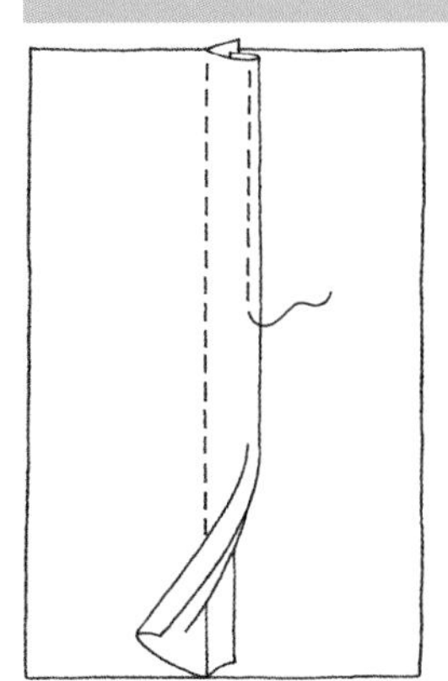

平接缝是在布料正面缉线，这种方法比较牢固，常用于男士休闲服和女装中。

弧线缝

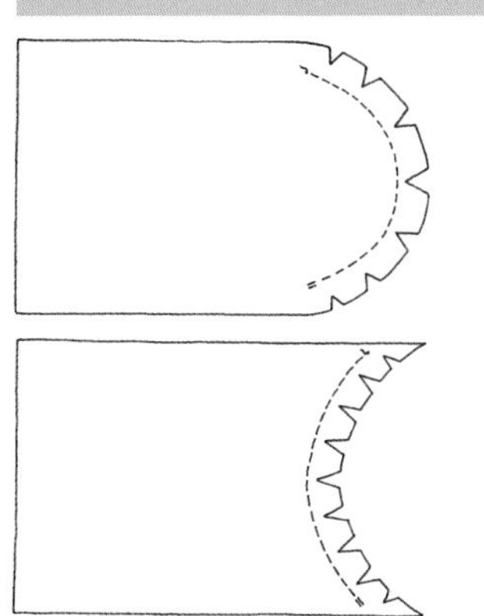

弧线缝用于沿弧线连接两块面料时，比如领子贴边或弧线型公主线。用这种缝制工艺时要注意裁剪准确并在缝份处打剪口，以确保线迹的弧度，并消除余量。

下摆

下摆是成衣最重要的边缘部位之一，要特别注意。所有的下摆在缝制之前都要标记好，可以采用以下任意一种工艺方法来完成。

- 卷边
- 贴边
- 锁边
- 根据手缝或机缝的不同，下摆的处理方法也有所变化。缉明线、粘贴镶边或捆绑等装饰工艺也可以用于下摆的处理。

领口

大部分的服装都要有开口，开口的种类和位置通常由设计而定，但有时候也不得不考虑其功能性。很多领口线是有贴边的，并且是开口的，由扣子或拉链闭合。成衣领口的工艺很关键，具有很鲜明的设计特点。

很多领口线会配有衣领，下面列出一些常用的领口线和衣领。

- 衬料贴边的领口线
- 斜纹贴边的领口线
- 滚边领口线
- 锁边领口线
- 平领
- 圆立领
- 立领
- 青果领
- 翻驳领或西服领

领座

驳口

贴边

领口线

衣领

下领线

翻领

翻折线

前中心交点

翻折点

钮门搭位

前中

01 — 衣领
翻驳领主要的细部名称。

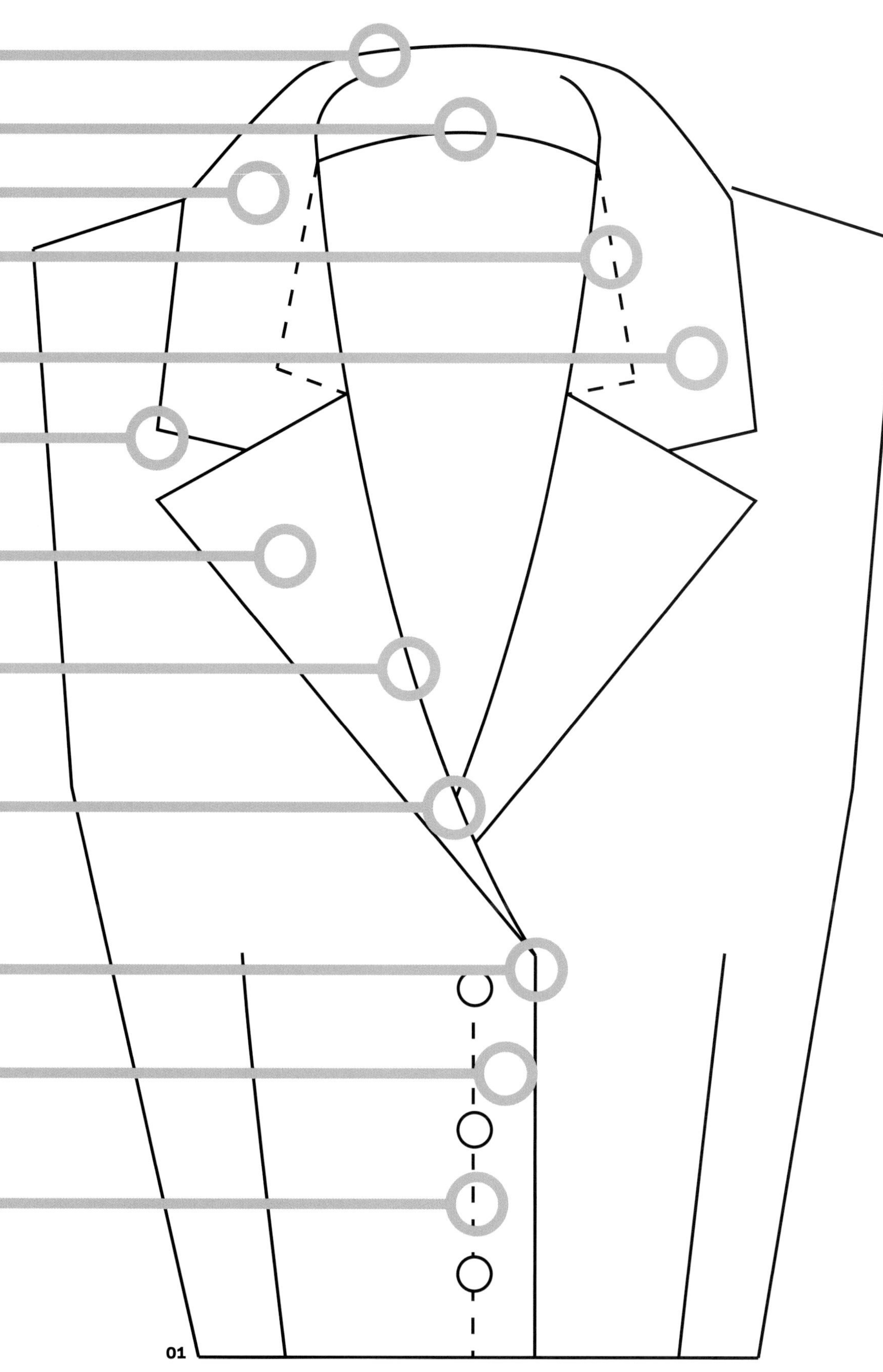
01

4.8 原型样衣

开发样衣

原型样衣在设计工作中非常关键，这是首次以实体服装展现设计效果，有时候又被称为初样。制作原型样衣就是在样衣工作室中把设计草图一步一步变成服装。

学服装设计的学生应该熟悉样衣制作。因为在学习过程中，他们要严格按照从服装设计概念到成衣产品这一过程进行训练，逐步地挑战和测试所学，理解和练习技能。一系列的设计项目或自发的创作应具有创造性和商业性。做设计项目时召开实践研讨会和技术展示会也是非常有用的。

在时尚行业中，生产制作一件原型样衣会带来许多花销。当服装设计师着手设计、审查并展示原型样衣时，每件样衣能否被接受却是由产品协理、商品企划师或者买手来决定的。大部分的设计师作为设计团队里的一分子，被要求向具有商业决定权的买手和产品协理展示样衣。然而，正是设计师及其审美眼光左右着初样的制作。

每个公司开发原型样衣的方法都不同，很多成衣公司使用国外的产品作为他们认可的产品风格。制作初样的关键环节通常被公司内部保留，这相当于保留了公司的版权，同时这也是商业计划中很关键的部分。

对于服装设计师而言，从设计概念到样衣的实现过程，测试、挑战并强化了设计师的一系列技能和设计创意能力。

01 — 样衣
一件原型样衣能更准确地说明设计师的设计意图，在制作样衣之前应采用白坯布来检验设计的适体性和准确性。在服装行业中，样衣由专业样衣师制作，而学服装设计的学生则需要向导师们展示他们自己做的样衣，同时要有相关材料进行补充说明，比如纸样、坯布样衣和效果图。
摘自:Tsolmandakh Munkhuu / Totem

01

4.9 访谈录（Q&A）
玛姬·诺里斯（Maggie Norris）

姓名

玛姬·诺里斯

职业

时装设计师

网址

www.maggienorriscouture.com

简介

从纽约帕森设计学院（Parsons School of Design in New York）毕业之后，玛姬·诺里斯加入拉夫·劳伦公司（Ralph Lauren）成为一名设计师，而后晋升为高级主管，负责女装成衣和配饰的开发。她于1998年离开了拉夫·劳伦公司，在欧洲加入蒙迪（Mondi），成为Mondi女装首席设计师，然后于2000年回到纽约，成立了玛姬·诺里斯高级时装屋。她在2003年加入美国时尚设计师协会（CFDA）。

是什么促使你开创自己的高级时装品牌？

我有创作高级时装的热情，并且我能与艺术家和插画家进行很好的合作。

文化遗产和手工艺是如何启发并影响你工作的？

通过照片、电影、音乐、文学和建筑等探索古典设计，是激励我设计的主要原因。我也会从当下正发生的事物，比如艺术作品和绘画中获取灵感。

你是怎样设计紧身胸衣的？

我们的每件紧身胸衣都有着建筑风格的曲线，通过合理的结构和光滑的轮廓，勾勒出女性曲线。我们会在紧身胸衣上点缀大量的装饰材料，并采用已有的面料来完成最后的设计创作。

你最喜欢哪种面料，为什么喜欢？

我们最精彩的一些创作采用的是公主缎、摩尔波纹的丝绸、17世纪中国风格和古罗马风格的面料。

你最喜欢工作中的哪一点？

我最喜欢的是每天都跟艺术家和有才华的手工艺人合作并从他们身上找到灵感。在创作新的服装系列和完成一件令顾客满意的紧身胸衣之前的研发过程也同样让我觉得很享受。

能谈一谈你的合作伙伴吗？

我们和这些艺术家合作，安娜·科珀（Anna Kiper）、奥黛丽·西尔特（Audrey Schilt）、朱莉·范霍文（Julie Verhoeven）、比尔·兰奇泰利（Bill Rancitelli）、理德·海恩斯（Richard Haines）、安妮·莱博维茨（Annie Leibovitz）、马克·塞理格（Mark Seliger）、曼特·阿拉斯（Mert Alas）等，还有著名的画家纳尔逊·尚克斯（Nelson Shanks），在他笔下，穿着我们“Ekatarina”紧身胸衣的凯拉·卓别林（Keira Chaplin）魅力无限。

你对未来的计划是什么？

心怀梦想，不断创造。

01~03 — 玛姬·诺里斯（Maggie · Norris）高级时装
一些时尚名流穿着玛姬·诺里斯高级时装，比如妮可·基德曼（Nicole Kidman）、詹妮弗·安妮斯顿（Jennifer Aniston）、莎朗·斯通（Sharon Stone）、米歇尔·奥巴马（Michelle obama）。
摘自: Maggie Norris Couture

01

01 — 波姬·小丝
（Brooke Shields）
波姬·小丝穿着的紧身胸衣，采用了复古风格的面料，华丽的图案是由大量的珠片和绣花装饰而成的。
摘自: Maggie Norris Couture

02 — 艾丽西亚·凯斯
（Alicia Keys）
艾丽西亚·凯斯穿着“Sulin Dragon”紧身胸衣和龙纹刺绣长裙，裙子下摆缀有手工编织的丝绸流苏，具有十八世纪中国艺术的风格。
摘自: Maggie Norris Couture

02

4.10 问题讨论 活动建议 扩展阅读

问题讨论

1 比较并讨论平面制图和在人台上直接立体裁剪，这两种纸样制作方法的优点和可能遇到的问题。

2 从杂志上收集不同的图片，选择有个性的服装，然后评价其裁剪方法和适体性，并讨论其适体性和舒适性之间的关系。

3 收集不同的梭织和针织类的服装，辨别并比较它们的接缝、缝迹、贴边和后整理工艺，想想这些工艺对服装的作用。

活动建议

1 使用一块中等重量的白坯布，将它的经向与人体服装模型的前中线对齐，捋顺面料，使其纬向保持水平状态。然后整理面料，使其在人台的颈部，肩胸位置和胸腰位置合体，最后修整腰部，使其合体，别合侧缝。采用同样的方法，做后背的造型。前后片都做好后，使用纤维笔标记止口位置，描出上半身的净体纸样，加入一定量的缝份，完成纸样制作。

2 变形基础纸样，得出一款具有公主线设计的上衣纸样。将前后片的省量转移，然后将纸样复制在新的打板纸上，绘制经纬纱向、缝份和裁剪记号，并且绘制领口和袖笼弧线位置的贴边。

3 使用你所绘制的公主线款式纸样，为它配制一个平领。使用中等重量的白坯布将所有的纸样裁剪出来，裁剪时要加入正确的缝份量，并将需要的边缘锁边。

扩展阅读

服装要顺应女性曲线，不能让人体来适应服装。

于贝尔·德·纪梵希（Hubert De Givenchy）

Aldrich, W
男装纸样设计（Metric Pattern Cutting for Menswear）
John Wiley & Sons, 2011

Aldrich, W
女装纸样设计（Metric Pattern Cutting for Women's Wear）
John Wiley & Sons, 2008

Aldrich, W
当代经典女装外套纸样设计（Pattern Cutting for Women's Tailored Jackets: Classic and Contemporary）
John Wiley & Sons, 2001

Amaden-Crawford, C
服装缝制工艺指导（A Guide to Fashion Sewing）
Fairchild books, 2011

Amaden-Crawford, C
服装立体裁剪艺术（The Art of Fashion Draping）
Fairchild books, 2005

Bray, N and Haggar, A
连衣裙纸样设计（Dress Pattern Designing）
John Wiley & Sons, 2003

Campbell, H
纸样设计新技术（Designing Patterns: A Fresh Approach to Pattern Cutting）
Nelson Thornes, 1980

Fischer, A
服装结构设计基础（Basics Fashion Design: Construction）
AVA Publishing, 2008

Haggar, A
内衣、泳装和家居服纸样设计（Pattern Cutting for Lingerie, Beachwear and Leisurewear）
John Wiley & Sons, 2004

Homan, G
斜裁裙装（Bias Cut Dressmaking）
Batsford ltd, 2001

Joseph-Armstrong, H
服装纸样设计（Patternmaking for Fashion Design）
Pearson Education, 2009

Shoben, M and Taylor, P
服装行业指导：理论与实践（Grading for the Fashion Industry: the Theory and Practice）
ICFS Fashion Media, 2004

Stanley, H
服装平面纸样设计与造型设计（Flat Pattern Cutting and Modelling for Fashion）
Nelson thornes, 1991

The Reader's Digest 服装缝制指导（Complete Guide to Sewing）
Reader's Digest, 2010

Ward, J and Shoben, M
纸样设计与变化的专业方法（Pattern Cutting and Making up: the Professional Approach）
Butterworth-Heinemann, 1987

American Society for Testing and Materials
www.astm.org

Kennett & Lindsel
www.dspace.dial.pipex.com/kennett.lindsell

Siegel & Stockman
www.siegel-stockman.com

Sizemic
www.sizemic.eu

UK national Sizing Survey
www.size.org

Wolf Form Company Inc.
www.wolfform.com

5 服装产品开发

目标

从服装设计的角度理解服装系列的含义

学习服装设计的各种调研方法

认识服装手稿图册的作用和本质

理解服装系列产品企划的功能和过程

熟悉服装设计中的成本核算和产品定价的概念及功能

认识对服装系列进行评价的目的和时装发布会的作用

01—服装展示
服装设计师常用时装秀或展示图册的形式展示他们的设计。
摘自：lisa Galesloot

5 服装产品开发

5.1 服装系列的含义

从广义上讲，服装系列是衣服、配饰或者与服装有关的产品的总称。服装之间通过一些设计因素相关联，比如季节、流行廓型、互补色或相似色、面料，或者是特殊的工艺，最终的系列作品要能体现出一致的设计概念。

成衣系列

成衣系列常被用来描述具有特定风格的一组服装款式或者适合商业销售的服装产品。成衣系列可以是一类服装，比如衬衣，同一系列的衬衣可能在配色上有关联，采用的面料主题相同，或者搭配销售的配件相同。成衣系列迎合了成衣行业的市场需求。

微型系列（Capsule Collection）

学服装设计的学生一定熟悉“微型系列”，在数量上，一个微型系列比一个销售用的服装系列要少，但是涵盖了多种产品类别，如裤子、外套、毛衫、领带等。服装专业毕业班学生需要做一系列毕业设计作品，这一系列作品要有六套或六套以上具有相同概念或主题的服装。微型系列要求设计者的设计作品重点突出并具有连贯性，这种设计是对学生所学的考验，能体现并提升学生在设计调研、草图绘制、纸样绘制、立体裁剪，直到最终样衣制作整个过程的技能水平。学生的系列作品常以自己的兴趣和动机为设计主题，可能涉及社会、宗教以及文化等多种视角。

夏奈尔的标志性元素有：山茶花、绗缝包、小黑外套、珍珠项链、链条和黑头鞋。我只是在设计中玩转这些符号。 **卡尔·拉格菲尔德（Karl Lagerfeld）**

01 — T台展示
时装秀使艺术表演与商业销售和公众宣传相互融合。大部分设计师的时装秀主要面向买手、媒体和时尚名流。
摘自：Anne Combaz

评估服装系列

每当开发服装系列作品时，都是一次对设计师设计能力和天赋的重大考验。在纸样绘制和立体裁剪过程中，设计师要负责评判款式的平衡和比例。其中平衡性是很重要的，它指的是产品类别的平衡和服装系列的视觉效果平衡，甚至包括服装之间的平衡关系，设计师在对产品进行综合评价时要考虑到这一点。

展示服装系列

服装是展示给买家或新闻媒体的，它通常会在私人场所举办，或者在贸易展会和年度时装周这类完全开放的环境中举办。但是在一个服装系列中，如果某些样衣从设计到销售能够被买家或客户直接接受，这个系列就不再需要用时装秀展示。服装系列产品可以分为批发和零售两种，这是由时尚产业的多样性决定的。

01

5.2 服装设计调研

虽然大部分时尚类课程高度评价和鼓励原创，但是在工业界，营利和经济效益往往占据首位，且会影响设计调研。所以设计师既要考虑在创意和消费者需求之间寻求平衡，又不能脱离团队。

认识时尚最重要的一点就是了解它的社会性和共同性。时尚不是孤立存在的；它受外部环境的支配，从属于社会认知的改变，所以时尚和它所处的时间和空间有很大关系。许多设计师都是在设计团队中工作的，设计调研就成了设计师们交流设计理念的过程。

对于学服装设计的学生来说，与老师或专家讨论也是获取经验的方法之一，在这个过程中，学生可以将最初的想法画成草图，在不断地练习中明确设计思路与方向。服装设计的调研过程应该是系统的、循序渐进的。调研过程中建立的设计基调，为设计指引了方向，并最终影响系列作品的成败。当然，调研过程也可以是感性的，凭直觉进行。综合起来讲，设计调研要一步一步地开展，帮助设计师明确设计方向，选择主题或概念，在设计工作室中检验设计构思等。

直接调研与间接调研

设计调研有直接调研与间接调研之分。服装设计的直接调研，是指设计师对原始素材的收集与整理，比如参观博物馆时画的速写，或是建筑群的造型速写，这些素材能给设计师灵感和启发，或许会被应用到领子的设计中去。

间接调研是对已经刊登的照片、文章或者其他文件资料的应用。二手资料也包括流行预测出版物和网络上的时尚资讯。学服装设计的学生应该合理地利用学校图书馆的资源，从那里可以查阅大量的杂志和与时尚有关的资料。

大部分设计师在设计调研时会同时采用直接资料和二手资料。

01

01 — 调研
开发系列产品需要不断调研，学生应提供他们每一阶段的调研材料，从中可以看出他们对设计过程的理解，有助于评价设计效果。
摘自：Kate Wallis

面料

面料调研是开发新系列过程中一个关键的步骤，面料的采购也要特别注意。在交货日期之前，服装产业链的各个环节都要为面料的花型设计出力。交货时间是公司按照自己的商业计划和运作结构而定的。设计师根据制作初样的要求预定面料的幅宽。大部分设计师会通过面料展会来寻找新面料，比如第一视觉面料展（Première Vision）。另外，也可以通过纺织厂的代理商来采购和预定面料。

服装面料的价格有高有低，且要考虑运输方式和订单量。纺织产品的开发与加工工艺的不断更新，拓宽了设计师在面料上的选择范围。面料花型开发是设计调研中十分必要的环节，它能为系列设计提供灵感，并使其风格一致。

02 — 面料
设计师服装系列中用到的色彩和面料都是推广的好资料，对它们的宣传要与服装整体风格保持一致。
摘自：Anne Combaz

02

色彩是设计灵感来源之一，也是系列创作的重点。色彩灵感可能来自对大自然的探索，比如鉴赏某种矿物，也可能从艺术欣赏中获得，比如参观乔治亚·奥基夫（Georgiao O'keeffe）或霍华德·霍奇金（Howard Hodgkin）的艺术作品。

服装色彩要结合季节和面料质地来设计。尽管有些设计师主要凭直觉应用色彩，但是，正如第三章所述，掌握色彩理论是色彩设计的基础。设计师常用到色卡，色卡是经纺织公司和国际色彩专家商榷，提前两年对销售旺季色彩的预测。设计师通常直接参考色卡进行设计，或者与纺织公司沟通后提出自己的色彩方案。

为服装系列制定色彩基调，主要是确定色彩之间的关系。色彩重组就是设计者为了突出服装廓型或色彩的一种方法。强调色要与设计风格相呼应，用色彩来突出设计风格。强调色使用恰当的话能让服装的某个部位成为焦点，也能让整件作品具有色彩节奏感。

图案是色彩设计的另一个元素，它能将各种色彩联系起来。带图案的纺织品包括印花织物、色织塔夫绸和多色针织面料。图案和印花可以作为系列服装的特色。图案的大小、连续性、位置都非常关键，因此在使用时要注意整体的色彩搭配和服装比例。有些设计师把图案和色彩的应用作为设计的核心。

对于企业里的设计师和服装专业的学生来说，去商场转一转非常有用，他们能很快发现什么是当下最流行的。设计师要对市场信息有灵敏的触觉，实时了解流行款式、面料、颜色、产品价格和季节性商品等。设计师可以在本国或海外寻找灵感，也可以到一些时装精品屋或二手商店寻找独特的服装或系列作品。设计师有时也会购买一些当下的服装或古着，将它们带回工作室，研究其细节设计。企业里的设计师都要去商场寻找设计灵感，这是设计调研过程中约定俗成的环节。

01

01 — 时装画
设计师通过时装画所表现的色彩与质地，传达整个系列的设计风貌。
摘自：Kate Wallis

古装

古装也能够激发设计灵感。设计师可以从这些服装的裁剪、款式、廓型、面料甚至装饰物或细节设计上找到创意点。用古装展开设计的最好方式就是遵照古装，寻找其亮点，并将它融入到当代设计中去。

展览会

展览会和服装收藏展是设计师们的灵感源泉，学服装设计的学生应常去参加各种展会，以开拓文化视野，提高设计调研技能，锻炼写生技能并学会利用手稿图册。伦敦的维多利亚和阿尔伯特博物馆及纽约的大都会博物馆等世界顶级博物馆，除了展览藏品之外还会定期举办一些特殊展览。小一点的博物馆或者地方美术馆也会给设计师提供有价值的资源。有时博物馆为了纪念某个时装设计师，还会举办一些作品回顾展，比如在巴黎小皇宫（Petit Palais）举办的“伊夫·圣·罗兰回顾展”和在伦敦巴比肯艺术中心(Londond’s barbican)举办的“未来之美：日本时尚30年”。研究其他设计师的作品可以批判性地学习和继承他们留下的设计遗产。但是抄袭别人的设计作品是不可取的，这样不仅不道德，而且其作品也只能是一个仿制品，不能称为设计作品。

02

02 — 设计开发
在工作室的环境下做设计调研，是非常好的设计实践，因为设计师可以同团队的其他人交流并尝试实现创意。
摘自：Lauren Sanins

电影、电视和媒体

电影、电视和媒体对时尚有很大的影响力，它们为设计师确定和研究设计主题提供了便利。《广告狂人》的流行，说明了电视剧也能成为服装设计的主题。曾经就有时装品牌以这部电视剧为灵感，设计了系列服装。主题是服装设计中很重要的部分，设计师会根据一个主题设计出用于零售和其他销售形式的多种服装。

摄影

摄影与时尚紧密联系，许多设计师会采用拍照或制作册子的形式来宣传自己的作品。不论是过去还是现在，摄影展和摄影风格都能激起设计师的灵感，因为设计师能从中感染到某种情绪，从而在头脑中萌发出设计主题。摄影是一种强大的媒介，它通过数字通信渠道和印刷品在全球范围内传播，是时尚文化中不可或缺的一部分，同时为设计调研提供了丰富的视觉来源。

街头时尚

观察街头的穿衣风格和个性的穿着方式，也是设计调研的好资料和灵感的源泉。这种调研方法在近几年应用得很多，主要是因为通信技术的发展，并且街头时尚迎合了企业的需求，与流行预测资讯同步。流行趋势预测者、时装情报员、摄影师和博主把世界各地的时尚观念汇集到互联网上，因此时尚街拍也能为设计调研和开发提供参考。

01

01 — 视觉传媒
时尚与电影、摄影和视觉传媒紧密联系，设计师可以从中找到调研资料和创作灵感。
摘自：Anne Combaz

02 — 街头时尚
个人网站、博客和图片网站为设计师提供了很多调研资料和创作灵感。
摘自：Wayne Tippetts/Rex Features

02

旅行

旅行为服装设计师提供了多种设计调研的机会。参观一个城市、国家或者文化，不但能够增加文化阅历，还可以找到设计灵感。旅行也给了设计师进行市场调研和分析竞争对手的机会。认识并理解文化和地域差异，对设计外贸产品来讲是非常有价值的。而服装设计的学生通常有到其他大学交流学习的机会，这种交流活动常由各种文化交流项目组成，包括到零售店和贸易展（如参加法国第一视觉博览会）做市场调研。

建筑

一些服装设计师的风格具有建筑感。由于对建筑形状和结构充满兴趣，多年来服装设计师们一直在探索如何将建筑风格融入到服装设计中。分析人体形态和建筑设计之间的关系具有挑战性，正是这种挑战为设计工作室提供了丰富的调研和实验基础。设计师最好能用画图和拍照的方法把实验内容记录下来。建筑结构的外形为绘制设计稿以及用打褶、折叠和绗缝等方法试验提供了灵感。

时尚无止境，而且优雅是思想……是时代的镜子，是破译未来的密码，并永不静止。

奥莱格·卡西尼（Oleg Cassini）

01

实用性

实用性也是服装设计调研要考虑的内容，它包括对制服、军服、功能型服装和材料的分析和理解。实用性服装越来越流行，出现了研究军服和工作服的热潮，这表现了设计师对服装功能性和设计经典的重视。

时尚缪斯

一些设计师围绕他的缪斯去制定设计主题或设计服装。在时装设计领域，缪斯可以是男人或女人，模特或偶像，过去的或现代的人，著名的或普通的人，只要能从中感染到某种精神，捕获某种情绪或气质就可以称其为缪斯。从研究的角度看，它是对个人风格的探索，比如对史蒂夫·麦奎因（Steve McQueen）的研究。根据缪斯设计的服装也要具有缪斯的性格和特征。以缪斯为灵感进行服装设计，还应结合其他的设计资料，比如色彩，同时你还要去想象缪斯穿着你的设计作品的样子。

01 — 弗兰克·盖里（Frank Gehry）设计的华特·迪斯尼(Walt Disney)音乐厅
建筑是设计灵感的源泉。华特·迪斯尼音乐厅的形状和结构可以为设计带来灵感。

02 — 缪斯
一些设计师从缪斯获得灵感，并以此展开设计调研。蒂尔达·斯文顿（Tilda Swinton）就是荷兰设计师维克托·罗夫（Viktor& Rolf）的缪斯。
摘自：Catwalking

5.3 使用手稿图册

手稿图册是服装设计师和学服装设计的学生必备的资料，是设计师记录和整理想法与计划的形式。手稿图册最好能自然地记录设计师的思路，清楚地展现设计过程。这样，设计师经过设计调研和研究之后，就能在手稿图册里用绘画和笔记等方式表达设计构思。太规整的手稿图册通常不能有效地表达设计想法，失掉了其应有的新颖感和表现力。手稿图册最基本的作用是展现设计草图，对廓型、裁剪、形状、比例和细节进行视觉解析。

服装设计师通常把手稿图册与笔记本、图像日志、纸样书籍和技术文件存放在一起。这种方法对有些设计师很有用，比如那些喜欢收集面料小样和杂志图片的人，或者喜欢在户外用散页速写本创作的人。

手稿图册的形成

大部分服装设计的学生都会有自己的手稿图册，用来展示如何把设计灵感演化成设计概念。手稿图册应该包括设计稿、面料小样、款式图及在工作室制作样衣的照片。导师常依据手稿图册来评价学生的工作过程，它也可以作为新设计项目的参考资料。手稿图册能反映出设计者的设计理念以及设计思路。

手稿图册常用在设计调研的开始阶段：小速写本非常轻便，能随身携带，适合在参加展会或者去商场进行市场调研时使用。而大一点的速写本，有更大的绘画空间，使设计师可以尝试各种配色方案，同样也有利于设计师提高绘画技能。

在时尚设计领域，使用手稿图册没有通用的方法。一本优秀的手稿图册一定是非常个性和丰富的。它不仅对系列作品的筹划有帮助，还能记录设计师的想法，是宝贵的个人资料。

工作手稿

在开发服装系列时，工作手稿非常重要。工作手稿能说明服装设计与制作中的问题，比效果图更有实用价值。根据已有的设计，改变领子或口袋是很常用的设计方法，所以已完成的工作手稿能启发并优化设计，对系列服装设计起引导作用。完整的工作手稿一定要附上面料小样。

01 — 手稿图册
服装设计的学生在开发服装系列时应使用手稿图册并时常更新。记录服装系列的开发过程对于日后的设计构思非常有帮助。
摘自：Kate Wallis

01

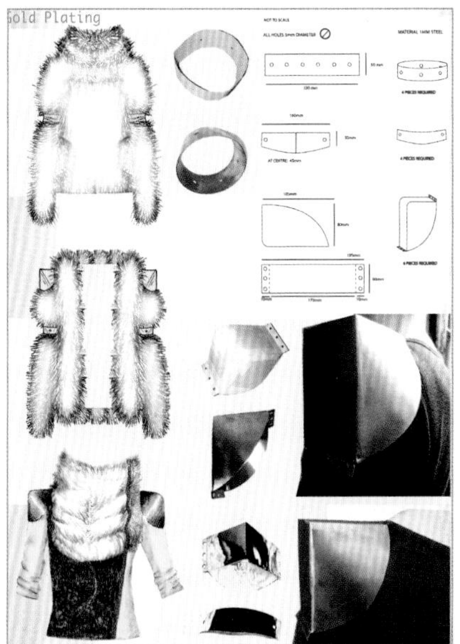

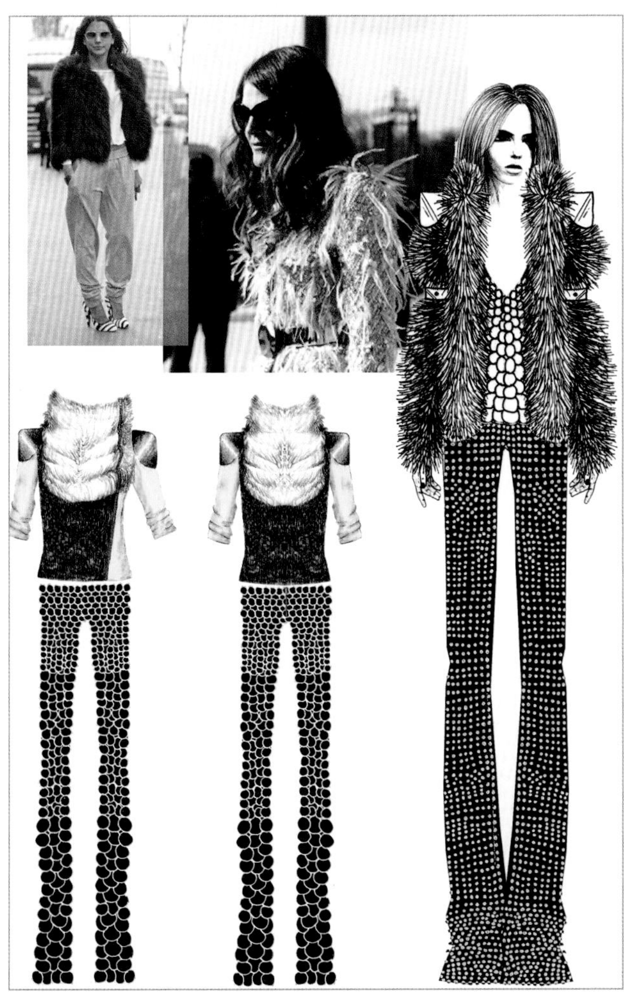

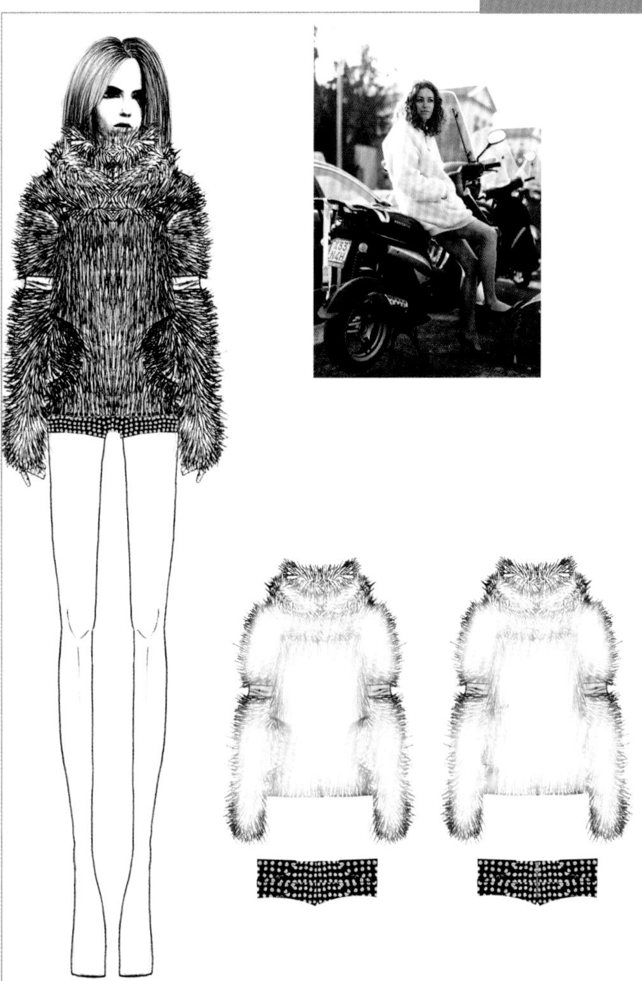

5.4 服装系列产品企划

服装系列产品企划在时装业具有非常重要的商业功能，它是商品企划师的主要工作。根据公司的运作结构，商品企划师会参考设计师和买手的建议。设计师为公司提供设计方案，但设计方案是否可行取决于买手和商品企划师的选择。不管怎样，设计师在构思服装系列时一定要结合季节、价格和产品类别来考虑目标顾客或目标市场的需求。

销售情况回顾

在时装行业，制订服装产品计划要先对往季销售的服装款式和产品种类进行回顾。设计师、商品企划师和买手共同商讨市场销售趋势。商讨的方法因服装公司的目标市场和发展计划而不同。每个公司都会回顾他们上一季的畅销款式，与设计师一起改进款式和面料，这种改进后的款式通常被称为“延续款”。“延续款”确定之后，再加入新的款式。“延续款”是新系列的前奏，有时候只需要换一下面料或色彩。

流行预测

很多成衣公司会将专业的流行预测公司所提供的信息作为设计团队的参考资料，例如“贝克莱尔”时尚预测公司（Peclers）、Trend Union、WGSN以及Trendstop。这种对时装市场和社会情况的分析，能为公司的产品开发指明方向。流行预测提供了流行的关键元素，比如下一季的流行色、流行面料和新技术、关键廓型、配饰、设计主题以及来自高级女装、设计师成衣系列或街头服饰的关键款式。

01

市场调研

服装设计团队常通过市场调研来确定设计方向，同时评估竞争对手。正如前文所述，去商场考察能够找到设计灵感，同时也能对当前市场状况有所了解。这一阶段要准备好设计初稿，如有需要，可以与买手和商品企划师一起来讨论并准备设计稿。

制作样衣

参加面料展览对于挑选样衣面料非常有用。面料的长度是根据样衣室制作初样的要求来预定的，同时要确定好面料交货时间，因为服装系列开发都有时间限制。设计师要对样衣室里制作坯布样衣的过程进行监督。“延续款”可以直接用新面料制成第一件样衣。这些样衣会以订货会或室内展的形式向买手或商品企划师展出，为确保样衣被接受，设计师还要负责评审样衣。这时设计师需要列出一个服装系列提案，通过款式和面料使服装系列可视化。在这个提案上，要绘制服装平面款式图，包括前视图和后视图，准确地表达每个款式。之所以制作服装系列提案，是为了说明服装款式及类别与公司当季的产品计划要求相符合。除了根据产品计划设计服装之外，设计师还要考虑材料成本、工艺制作要求、整体风格和公司的目标市场等，要确保服装系列是可销售的。

01 — 服装系列提案
服装系列提案让学生和设计师能够很方便地评价和修改设计。在服装行业中，有经验的商品企划师是通过看服装系列提案来做决定的。
摘自：Hanyuan Guo

设计评价

召开最后一次产品计划会议时，设计师要展示样衣和相应的服装系列提案。原型样衣一般采用试衣模特进行展示，并要对它的成本价格、生产要求、商品类别和整体风格进行评价。公司一般会制定营销日历，标注关键日期或交货期，以供所有员工参考。服装款式一旦敲定，就要开始制作相应的杂志和宣传册。而对于服装设计的学生来说，完成一个系列的作品后，就要拍摄一组照片。

设计说明

学服装设计的学生通常会做设计说明，来描述服装设计与制作的各个流程。这就要求学生在制作服装系列时，既要明确系列产品所针对的市场和消费群，又要进行创意灵感调研。在用平面或立体裁剪的方法将效果图裁剪成坯布样衣之前，使用手稿图册在设计开发过程中显得很重要。选择面料并确定面料主题是服装系列开发不可或缺的一部分，这样才能达到整体的平衡，服装系列才可以在流行廓型、比例或者色彩搭配上有一个整体的风格。一系列辅助展板也可以对设计进行说明，这些展板包括主题板、平面款式图展板、系列提案展板以及效果图展板。

01

01~02 — 系列展示
为服装系列展示做准备，对于设计师和服装设计的学生来讲是件既兴奋又紧张的事情。
摘自：Lisa Galesloot

02

5.5 服装的成本核算和定价

成本核算和定价在产品开发中具有重要作用，设计师必须结合公司的商业计划来理解并考虑这一点。服装设计的学生也应该去学习基础的成本核算、定价策略方面的知识。成本是指生产一件产品或服务所投入的货币价值，价格是从购买产品和服务的消费者收取的费用。从服装设计的角度来看，价格反映了产品质量。价格=成本+利润，这是一个经济公式，利润是指产品和服务的销售价格超过产品成本的部分。

所有的服装公司为了维持商业运转，都必须有利润。服装设计师对企业利润贡献突出。不同的企业都设有不同的利润率和成本加价率，这主要由公司的运作结构和商业模式来决定的。服装公司的运作模式非常多，从流通量较高的快速时尚模式到流通量较低的设计师品牌，再到奢侈品牌都有。流通量是指特定时期内公司的销售容量，它虽然不同于利润，但也是销售额的象征。当销售总额能够满足成本且既不盈利也不会亏损时，就被认为是收支平衡。

成本核算模式

服装业中存在不同的成本核算模式，它最初的目的是跟踪一个季度或一年内的花销和收入，用来衡量该时期公司账目的赢利或亏损情况。这里列举服装企业常用的三种成本核算模式。

■ 直接成本法，直接计算某种产品所包含的所有成本，包括直接劳动支出、材料支出和销售佣金，但行政管理支出和企业日常管理支出是不包括在内的。

■ 归纳成本计算法，把所有和产品生产有关的直接成本作为成本基数，再将固定比例的商业运作成本按加到产品成本中，像企业日常管理费用和运转支出也被包括在内。

■ 作业成本法，又叫ABC法，它先确定一个组织中的所有活动，然后将它们分配到产品成本的构成要素中。所有直接或间接的成本都被计算到产品成本中，这种成本核算模式在服装行业中被广泛应用，它便于产品规划、控制每一季的产品生产。

01

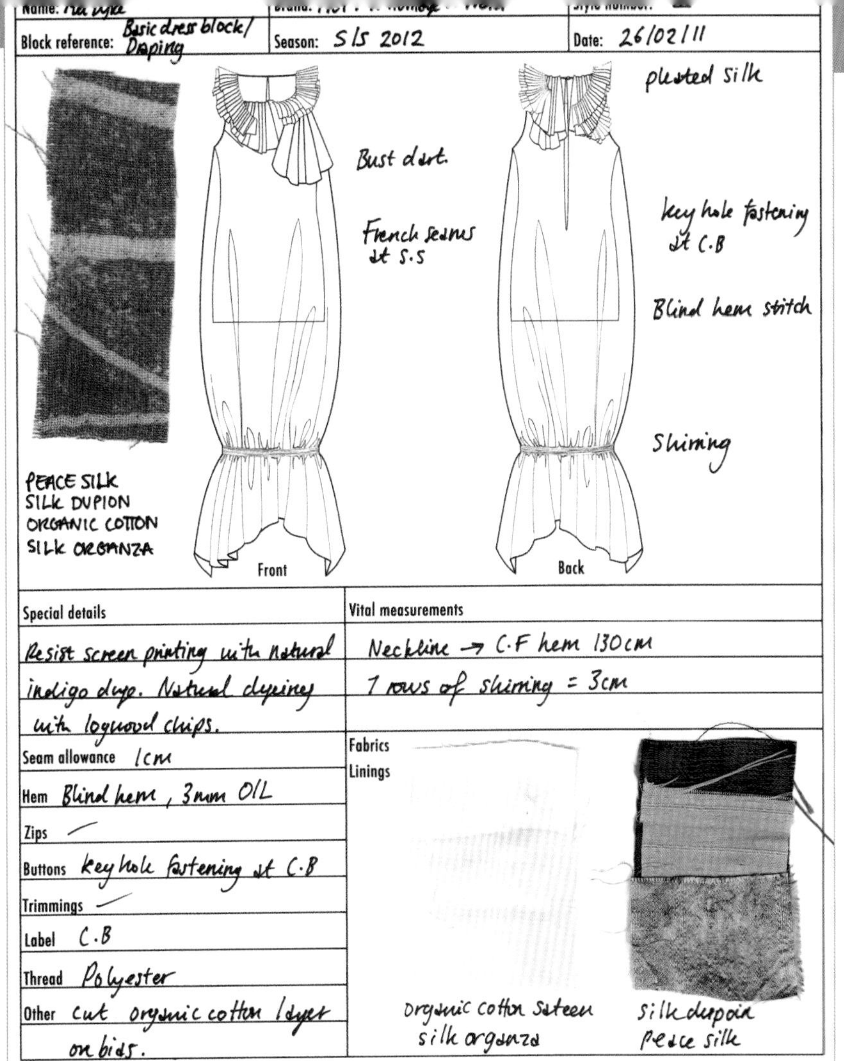

Block reference: Basic dress block/ Draping	Season: S/S 2012	Date: 26/02/11

Special details	Vital measurements
Resist screen printing with natural indigo dye. Natural dyeing with logwood chips.	Neckline → C.F hem 130cm 7 rows of shirring = 3cm

Seam allowance	1cm
Hem	Blind hem, 3mm O/L
Zips	—
Buttons	Key hole fastening at C.B
Trimmings	—
Label	C.B
Thread	Polyester
Other	cut organic cotton/dyed on bias.

Fabrics
Linings

Organic cotton sateen
silk organza

silk dupion
peace silk

01 — 服装工艺单
服装专业的毕业设计一般会要求学生制作工艺单与成本核算表。
摘自：Mei Dyke

02 — 服装款式图
进行成本核算前要对服装进行分析。服装设计的学生应学会用清晰的线条表现设计。
摘自：Mayya Cherepova

02

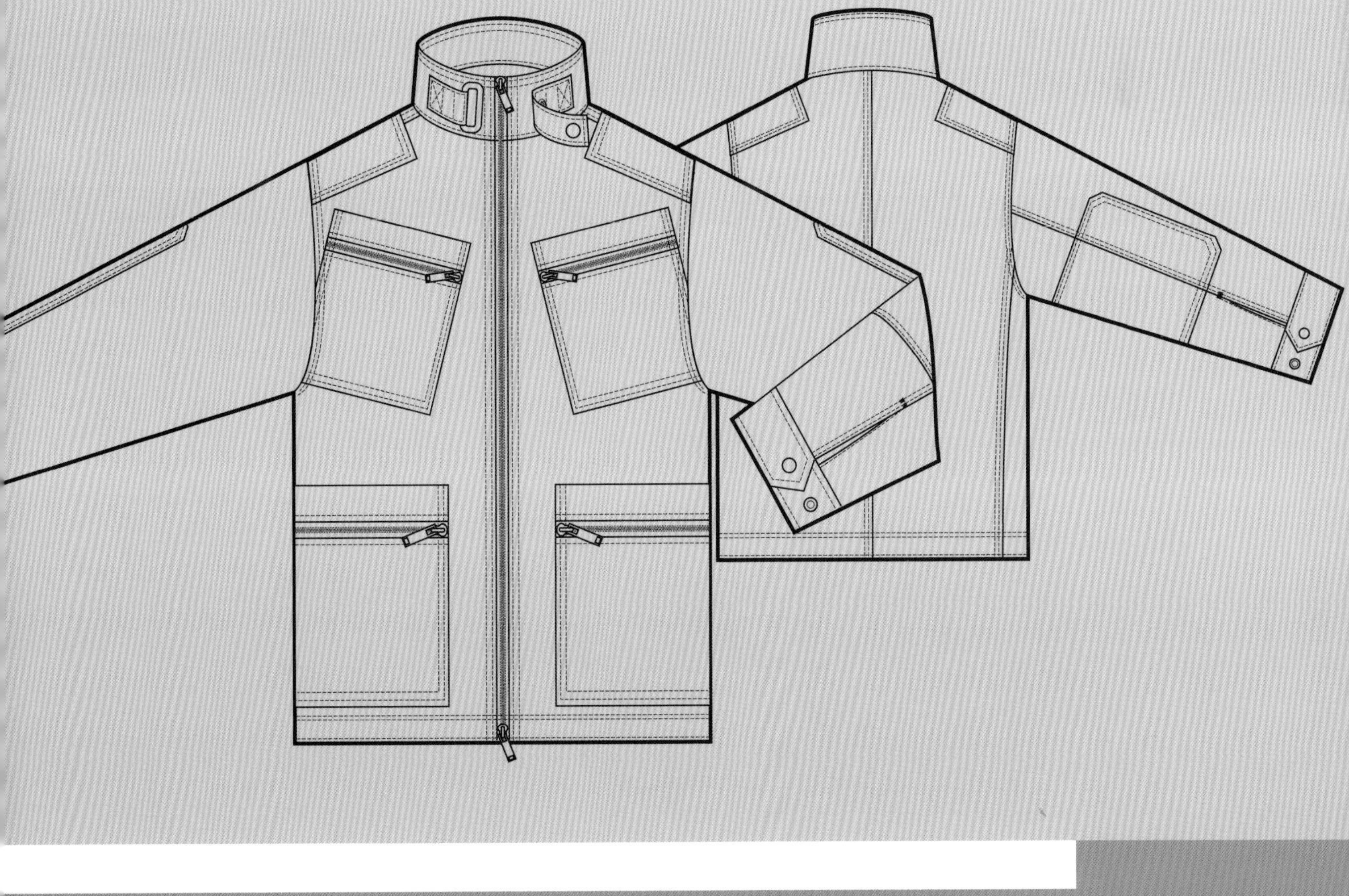

收益

掌握盈亏状况对于所有企业都很重要，它取决于净销售额和所销售产品的成本之间的关系。净销售额是指总销售额减去退货额及其他折让的数额后的余额。并不是所有的服装产品都能够卖出，有些产品会被降价销售或被顾客退回，在计算净销售额时必须考虑这种销售调整。销售调整的数额确定之后，就要扣除相应的售出产品成本。而售出产品成本是指一段时期内售出商品的存货成本，它包括直接的劳动力成本、材料成本和日常管理费用，也可以分为固定成本和可变成本。固定成本是指保持不变的成本部分，它不随生产量的变化而变化，比如租金费用；而可变成本是随着生产量的增加或减少成比例变化的，例如劳动力成本和包装运输的费用。

利润

净销售额和商品销售成本之差称为毛利润。毛利润指从净销售额中减去产品成本之后剩下的总数。例如，一个公司净销售额的65%被用于服装生产的成本开销，那么它的毛利润就是35%。毛利润经常用百分率来描述，叫作毛利率。为了确定公司的净盈利或净亏损状况，很有必要计算公司的毛利润并扣除所有的运营费用。每个服装企业的运营费都不同，它随着行政管理、广告和营销成本的不同而改变。净利润和净亏损受税收影响，为评估企业的经济状况提供了基础。从成本核算与产品定价的角度来看，服装设计师可以被看作是为公司赚取利润的一项成本，这关系到服装公司的商业策略。大部分服装设计师都会结合样衣制作成本来制定产品价格，或者协同销售商、产品开发经理或时尚买手审核价格清单。成本太高或太低的设计就需要修改，也可能重新核算其成本或者直接从系列产品中去除。

学服装设计的学生需要为毕业设计作品准备成本核算清单，计算样衣制作过程中所涉及的费用，比如物料成本，包括面料、衬里和辅料（如扣子、拉链和缝纫线等）。直接劳动力成本，包括裁剪、缝制和完成样衣的花费，这部分成本可以通过小时费用率来计算。间接费用要采用估算，主要考虑学校样衣室的花费，如设备成本和管理费。成本核算为服装设计的学生，尤其是打算毕业之后销售自己的服装作品的学生，提供了有效的锻炼机会。

01 — 服装展示架
一系列服装常由各种服装组成，从商业角度讲，一个系列中的每款服装都必须有适当的成本和价格利润。
摘自：Lisa Galesloot

设计就是不断地在华丽与舒适，理想与现实之间寻求平衡。 **唐娜·卡兰（Donna Karan）**

01

5.6 服装展示

服装评价

设计师和服装设计的学生对服装展示非常重视，且充满期待。实际上，时装秀是一个促销手段，为的是鼓励买手和个人去购买，赢得新闻界和其他媒体的报道和赞誉。对于服装设计的学生来说，服装展示的最大诱惑是能够获得工作机会，但要记住，一场精彩的时装秀并不等同于获得了工作机会或是商业上的成功。另外，举办时装秀是耗资巨大的事情，始终存在亏本的风险。即便如此，获得认可对于设计师来说非常重要，而这种认可必须通过时装秀、杂志、展览或作品集来实现。

学服装设计的学生都要向导师、设计师和行业专家展示他们设计作品，这就涉及服装评价。学习服装评价可以采用小组讨论的形式，这样能让学生反思自己的作品并学习他人的作品。

尽管评价服装对于学生来说是一件很有压力的事情，但很有用。要成为一名出色的服装设计师最重要的就是具备有效沟通的能力，它包括语言交际能力，也包括制作样衣、手稿图册或系列提案等视觉展示能力。对服装的评价应该配合你所展示的样衣，表达出设计者的想法。小组讨论也是交流创作观点、分享创作理念的平台。

学生在讨论会上向导师展示自己的作品，最大的好处就是能得到反馈和建议，服装的社会性使得它高度适应这种讨论和意见反馈的形式，同时设计作品也有了在模特或人台上进行展示的机会。

老师常要求学生用模特展示他们的样衣，为的是在动态表演中评价设计效果。用模特展示并评价系列服装是挑选设计的好方法。如果设计效果图画得很好，做成服装后却不怎么样，设计师就应该对设计进行适当的调整。

艺术作品和系列展板也可以用在服装展示会或评论会当中。它包括主题板、平面款式图、系列提案以及效果图。

01

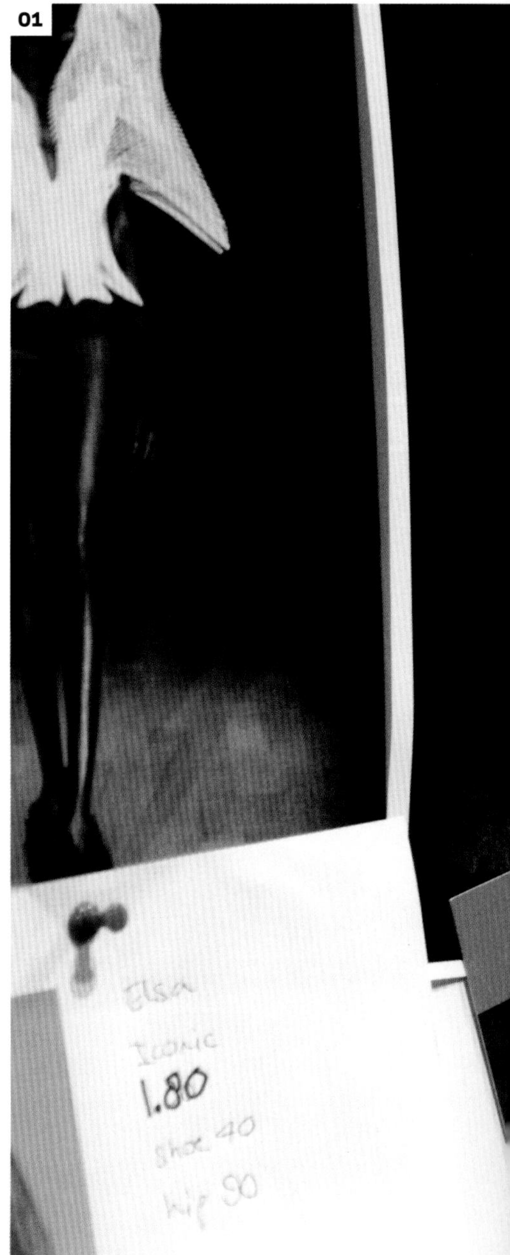

01 — 策划一场时装秀
这是在准备时装秀时与策划者一起工作的资料。一场看起来自然并专业的时装秀离不开幕后的工作。
摘自：Lisa Galesloot

把时装设计得既适合晚宴穿着但又不能像戏服是非常有挑战性的。 **王薇薇（Vera Wang）**

时装秀是非常重要的促销活动。在时装行业，时装秀主要用来向受邀请的观众展示并推销服装，同时也能提高公司的形象和定位。尽管很多设计师在不断地探索其他的展示平台，比如电影、网络展示，但是时装秀依然独具魅力，是最高效的促销手段。学服装设计的学生也认为，如果自己的作品能在时装秀里展出，便是得到了认可。但事实上并不是所有的服装都适合时装秀。

每一场时装秀都要精心策划，还要考虑预算和宣传。策划内容主要有选择秀场、确定日期、挑选模特、安排试穿、安排座次表以及设计音乐、灯光效果。有些时装秀针对的是买手和代理商，是在室内进行的。有些时装秀为了吸引新顾客，会在贸易展会举办。而服装设计的学生让自己的作品登上时装秀，是为了寻找雇主。时装秀备受瞩目，也是宣传和发掘新设计师的好机会。

举办一场时装秀，策划人是决定时装秀成功与否的关键。大多数策划人经验丰富，交际广泛。服装设计师把设计理念传达给策划人，并保持沟通，策划人就能根据设计者的要求挑选出合适的模特。

学生在时装秀中常共用模特，这虽然节省了开支，但却意味着妥协。在展示设计师作品时，模特非常重要，这些衣服要跟她们的身材相符合，但最后买手和专家审视的还是设计师的作品。从T台前看，一场成功的时装秀要显得很轻松自然，而它的后台却完全不同，非常紧张而繁忙。在后台，工作人员要给模特们做发型和化妆，穿衣助理还要根据模特的上场顺序帮模特穿好服装。

排练是准备时装秀的最后阶段，大部分时装秀排练要有舞步编排、上场时间、顺序、伴奏和灯光。排练中出现的任何问题都要马上处理。

参加时装秀是令人兴奋的事情，但当灯光落幕之时，不必惆怅也不必怀念，要相信你一定会有属于自己的更精彩的时装秀！

01

02

01~03 — 毕业展
凯特·沃利斯（Kate Wallis）毕业作品的T台展示。
摘自：Catwalking

03

5.7 访谈录（Q&A）
达米安·肖（Damian Shaw）

姓名

达米安·肖

职业

亚历山大·麦克奎恩（Alexander McQueen）副线品牌麦蔻（McQ）的营销总监

网址

www.m-c-q.com

简介

达米安·肖最初是Liberty of London的一名买手。此后六年，他在Chloé 时装屋任高级成衣营销总监，随后又担任了朱利安·麦克唐纳德（Julien Macdonald）的商品营销总监。2011年他开始在亚历山大·麦克奎恩工作。

您是怎样成为商品企划师的？

我刚开始是做男装买手，几年后转向女装，我也会采购一些手包和小件皮革商品，所以当我去蔻依（Chloé）工作时，在男女服装产品方面我已经有了很多零售和购买的经验。

您与设计和买手团队的工作关系是什么样的？

作为商品企划师，你就是设计和商业之间的接口。我会根据商业反馈和销售趋势来制订服装产品开发计划，与设计团队一起探讨如何使系列作品既符合商业需求又能保证产品本身的平衡性。所以你必须了解周遭，眼光独到。

这些年商品企划工作发生了怎样的变化？

大体上讲，服装行业变得更加商业化，每个人对商业需求都变得更加敏感，现在企业不仅要取悦媒体，更要取悦买手和终端消费者，否则你很快就会停业。面对如此拥挤的市场，你必须仔细考虑设计和产品策略。现在商品企划的工作更多的是商业性质的，而不是去引导设计方向。如今的商品企划师是联系设计和商业的纽带，而不是在品牌高级经理和创意总监之间周旋，去做诸如工作室管理、产品发布之类的工作。但是我认为，美国人和欧洲人眼里的商品企划师是不同的，美国人眼里的商品企划师更多的是与数字打交道，而在欧洲人眼里则是和设计师一起创建新的产品和商业模式，通过这个模式使设计过程更加高效。

跟我们讲一讲服装系列产品规划的过程？

服装系列产品规划应该被看作是团队工作。我主要负责整个系列产品的规划，这意味着要列出系列结构，用于指导设计团队的工作。所以产品规划就是提供一个框架，比如确定面料数量、每个服装大类的款式数量，还要对整个系列的平衡感进行评估。有效的产品规划会使设计过程更加顺畅。这项工作还要求我们在寻找商机的同时去理解品牌本质，这样才能更好地表达设计团队的设计理念。

您职业生涯中有哪些精彩的时刻？

每到季末，系列产品卖得好的话，我就会很有成就感。跟有才华的人一起工作和交流，在充满活力的团队中工作，都让我很开心。

您最喜欢您工作的哪一点？

跟设计团队和销售团队中有才华的人一起工作。我们分享观点，交流思想，用创意去构筑成功。

01 — 麦蔻男装
2012年春夏麦蔻男装发布会。
摘自：Catwalking

01

01

02

01~03 — 麦蔻男装

商品企划师与买手密切合作，这可以视为设计的延伸部分，它能确保服装系列的可行性和商业性。

摘自：Rex Features / Catwalking

03

5.8 问题讨论 活动建议 扩展阅读

问题讨论

1 假设你在创作微型系列服装，思考创作系列服装的工作过程及其涉及的关键决策。

2 讨论设计调研在系列产品开发中的角色，它给了设计师怎样的限制，或是怎样的机会？

3 认识一些本国和国际时装品牌，并讨论它们是如何展示和宣传系列产品的，关于当代时装产品的性质和定义，它们又告诉了我们什么？

活动建议

1 走访各时装店，了解当季的关键样式，分析它们的色彩、面料、廓型和比例，讨论它们会给下一季服装带来怎样的影响。根据你对下一季服装流行趋势的预测，制作一张故事板，要求展现出新的流行主题。

2 准备一份系列产品销售计划，要求展示附带面料小样的服装平面款式图。评价整个服装系列的平衡性与产品类别。想一想你可以通过怎样的面料和色彩设计，最大限度地满足零售商的需求。

3 计算你的材料成本，并为系列产品中的每件服装制定一份成本清单。制定销售价格，使其能够满足你的直接劳动力成本和管理费用，同时还要包含一定的利润。最后，做好待销售服装的发货清单。

扩展阅读

好的设计作品是精巧而难忘的，伟大的设计作品不仅难忘而且隽永。

迪特·拉姆斯（Dieter Rams）

Carr, H
服装设计与产品开发（Fashion Design and Product Development）
John Wiley & Sons, 1992

Davies, H
百名服装设计新秀（100 New Fashion Designers）
Laurence King, 2008

Davies, H
服装设计师速写簿（Fashion Designers Sketchbooks）
Laurence King, 2010

Faerm, S
服装设计课程指导：原则、实践与技术（Fashion Design Course: Principles, Practice and Techniques: The Ultimate Guide for Aspiring Fashion Designers）
Thames & Hudson, 2010

Fukai, A and English, B
剪刀下的艺术：日本动力博物馆中的服装（The Cutting Edge: Fashion from Japan）
Powerhouse Museum（illustrated ed）, 2005

Hopkins, J
男装设计基础（Basics Fashion Design: Menswear）
AVA Publishing, 2011

Jenkyn Jones, S
服装设计（Fashion Design）
Laurence King, 2011

McAssey, J and Buckley, C
服装款式设计基础（Basics Fashion Design: Styling）
AVA Publishing, 2011

Nakamichi, T
纸样魅力（Pattern Magic）
Laurence King, 2010

Nakamichi, T
纸样魅力2（Pattern Magic 2）
Laurence King, 2011

Renfrew, E and Renfrew, C
服装系列设计基础（Basics Fashion Design: Developing a Collection）
AVA Publishing, 2009

Seivewright, S
服装设计与调研（Basics Fashion Design: Research and Design）
AVA Publishing, 2007

Sissons, J
针织服装设计基础（Basics Fashion Design: Knitwear）
AVA Publishing, 2010

Udale, J
服装设计与面料（Basics Fashion Design: Textiles and Fashion）
AVA Publishing, 2008

Lectra
www.lectra.com

Peclers Paris
www.peclersparis.com

Trendstop
www.trendstop.com

WGSN
www.wgsn.com

Signe Chanel – Haute Couture Collection
DVD, 2008

Vivienne Westwood – Art Lives
DVD, 2009

Yves Saint Laurent
DVD, 2007

6 作品集与就业实习

目标

理解服装设计作品集的目的和价值

了解服装设计师的各种自我推荐机会

思考信息传播技术对时装行业所产生的影响

认识与服装设计有关的各种职业机遇

理解各种工作角色以及它们在服装设计部门中的相互关系

鼓励学生为谋求职业发展不断充实自我

01 — 罗达特礼服展示（Rodarte Installation）
这件礼服采用的面料是浅桃红色和亮粉的丝质乔其纱，丝质雪纺打褶后获得很好的悬垂效果，衣身上装饰着手工钉珠的施华洛世奇水晶，纯金流苏和放射状的金属板。
摘自：Gown by Rodarte, photograph by Autumn de Wilde, installation by Alexander de Betak at Pitti Immagine W in Florence, Italy

01

6 作品集与就业实习

6.1 服装作品集

制作作品集

服装作品集是用各种视觉形式，表达设计理念和技能的载体。通过它可以展示出你的创造力和特长，并能看出你偏好女装设计还是男装设计。作品集可以是实体便携式的，也可以是数码形式的。实体便携式作品集，通常是A3或A4大小，这样不仅便于展示面料小样，还能加深观看者的印象。数码作品集，也称为电子档案，有助于作品备份或将作品展示在博客、网页或图像托管网站上。

学服装设计的学生都应该制作一本实体作品集。这需要花一段时间进行资料收集和整理，使作品集的内容尽量丰富。每个学生可能做过很多设计项目，并且都非常熟悉，但一定要明白，作品集应该一目了然，不要赘述。要做到这样，就需要有评价、选择和编辑的过程，即使向不了解服装设计的人作介绍，也能条理清晰地表现每个设计项目，以及说明它为何被归到作品集中。服装作品集应该逐步完善，始终体现你的经历和兴趣。

一本好的作品集可以使人们对设计师产生良好的第一印象。因此，要以最好的方式展示出你最擅长做的事。这就需要以合理的顺序组织作品集的内容，并且思考作品集作为一个推销自我的工具，它的核心目的所在。如果在作品集中出现了劣质的作品，或是重复展示，会起到反作用。

什么样的服装作品集才算成功？虽然没有“统一标准”来衡量，但下面所列举的一些好做法，希望对你有所帮助。

从根本上来讲，作品集应当根据你的求职意向，或者面试公司的要求“量身”打造。服装作品集应兼具技术性和艺术性。作品的整体内容和表现形式，应安排得具有视觉吸引力，并且排序合理，达到好的整体效果。制作优秀的服装作品集，关键是要不断寻求质与量间的平衡。

实体的作品集也好，数码的也好，请服装设计师们记住，作品集应当展现你所做过的重要项目。

A3/A4

这里的A3和A4尺寸按照ISO国际标准中规定的纸张尺寸，然而北美有不同的尺寸规定，具体如下：

A3 = 11.7英寸 x 16.5英寸（297mm x 420mm）

A4 = 8.3英寸 x 11.7英寸（210mm x 297mm）

什么该做？

请确保作品尺寸与作品集大小一致，作品能塞到活页当中。

作品集中的所有页面要非常干净。作品再好，如果被标记过或弄脏了，也会黯然失色。

把最好的作品放到前面，会给人良好的第一印象。

编辑和审查作品，确保作品集的内容及组织形式符合展示要求或面试需要。

仔细考虑作品集首页的编排，要打开扉页，就让人觉得很有吸引力。

在作品集中运用尽量丰富的表现形式以增加视觉效果，但保持整体风格一致。

所有版面上的标题和文字均清晰可辨。

所有的布样都要修剪整齐并裱贴妥当。

所有的数码图片和打印文件都输出完好。

粘贴作品时使用好的胶水，以免产生难看的气泡。

如果要展示作品集，提前准备好介绍内容，做到言简意赅。

什么不该做？

不要仅仅为增加内容而把不合适的作品放入作品集，这样会显得你缺乏判断力。

不要在同一个设计项目当中既用风景版式又用肖像版式。

不要舍不下有瑕疵的作品，如果觉得它不够好，就不要将它放入作品集中。

避免展示表面凸起或折叠式的作品，因为它们不适合插入活页式的作品集中。

避免与设计项目无关的版面，因为它们会显得很突兀或者分散观众的注意力。

避免在作品上显现具体日期，因为过一段时间之后，它会让人觉得这是陈旧的作品。

作品集只需要暗示出职业方向，而不是某个固定的职业，否则你的作品集会让人觉得你只是一名服装设计师，这样就不适合在其他求职场合展示出来了。

避免设计的重复和表现形式的重复。

6.2 自我推荐

在过去的十年中，随着通信技术的快速进步和社会媒体的全面兴起，服装行业中的许多方面已发生了巨大变化，服装设计师也要随之改变。服装设计专业的学生也应该将新媒体技术作为一种自我推销的手段，才能在多元化的国际市场竞争中获得优势。

数码作品集

数码作品集，也叫电子作品集，服装设计师用它来备份作品，也用在面试中或是向顾客展示。它是展示图像和文本的有效方式。此外，在数码作品集中可以嵌入运动的图像和交互式的链接，还可以将手绘和摄影结合起来制作系列服装的图集。拥有数码作品集的服装设计师可以通过网络来传播自己的作品，如博客和网站。

博客

网络日志，也称为博客，出现于20世纪90年代，它们的影响力不断壮大，并且由个人和企业品牌推动其发展。通过博客，你可以直接进行全球化的交流。由于低廉的费用和广大的用户群，博客成为服装设计专业的学生发表作品，并与网友进行直接沟通的平台。时尚博客已经成为时尚传播产业的一部分，如今许多知名博主已经跟时尚媒体人士平起平坐，成为了时装发布会的座上宾。因为有多种虚拟主机服务，包括Blogger、Word Press和Tumblr，它们提供了现成的模板，所以建立博客变得相对简单。基于虚拟主机服务，你可以将扫描的图像、照片、文字、超链接、音频、视频和幻灯片等添加在博客中。

01

01 — Issuu
随着图像托管网站和数字出版平台的影响日益深远，很多服装设计的学生将作品集上传到网络上。这是从www.issuu.com截取的片段，由服装设计毕业生苏菲·戴维森（Sophie Davison）发表在该网站上。

网站

时尚网站种类繁多，因此，要想被关注就需要有选择和营销的技巧。除了一些由教育机构为学生提供的就业资讯网络服务外，你也可以考虑建立自己的网站，到有名的虚拟主机上注册域名，并按照你的想法打造网络空间。最基础的网站可用作个人主页，你也可以将它链接到定期更新的博客。但是个人网站在展示商业作品或营销形象方面有绝对优势。总之，制作出灵活方便的网站非常重要。

另一个很好的选择，就是加入托管网站。例如，Arts Thread网站，它允许服装设计专业和其他设计专业的毕业生上传自己的作品集，潜在雇主们也可以进行搜索浏览。Coroflot也为注册用户提供了一系列的服务，比如可以在网站上搜索电子作品集。这个网站在全球拥有众多的客户，为了发掘人才他们会经常访问网站。

图像托管网站

在互联网上，图像托管网站占有重要地位。它们具有可视化的界面，非常适合服装设计专业的学生以及与视觉媒体打交道的人。Flickr、Carbonmade和Lookbook是比较成熟的网站，其会员可以对图像和在线作品集进行存储和管理。 图像托管网站类似于社交网站，都可以联系用户、查看用户的个人资料、发掘人才或者寻找雇主。此类网站之所以流行是因为他们将自我推销与社交巧妙地结合在了一起。

一个公司能做什么，不能做什么，真正掌控在顾客手里。

克莱顿 · 克里斯坦森（Clayton M. Christensen）

社交网站

社交网站给服装设计师和学生创建个人档案和拓展交流圈提供了更多的机会。Facebook就是一个例子，它创办于2004年，是全球最主要的社交网站。Facebook不断扩大市场容量，吸引企业进行注册，让他们通过Facebook与新老客户交流。

作为商业导向的社交网站，Linkedln给服装设计师和毕业生提供了求职机会。雇主们也可以通过网站浏览资料或寻找商业机会。

学生作品展示

学服装设计的学生会有毕业设计展览（在美国称为毕业时装秀），展出每个学生的作品集、手稿册以及服装成品。这种展览是学校组织并赞助的，旨在为即将毕业的学生提供一个平台，同时也可以综合地评判学生最后一年的学习表现，最重要的是它能引起社会关注，因为业内人士可能会被邀请前来参观。有时这类时装秀还伴有在线直播和网络主页对参赛学生进行宣传。除了学校的展览外，学生们还可以参加校外的展览活动，例如，伦敦毕业生时装周。

02

01

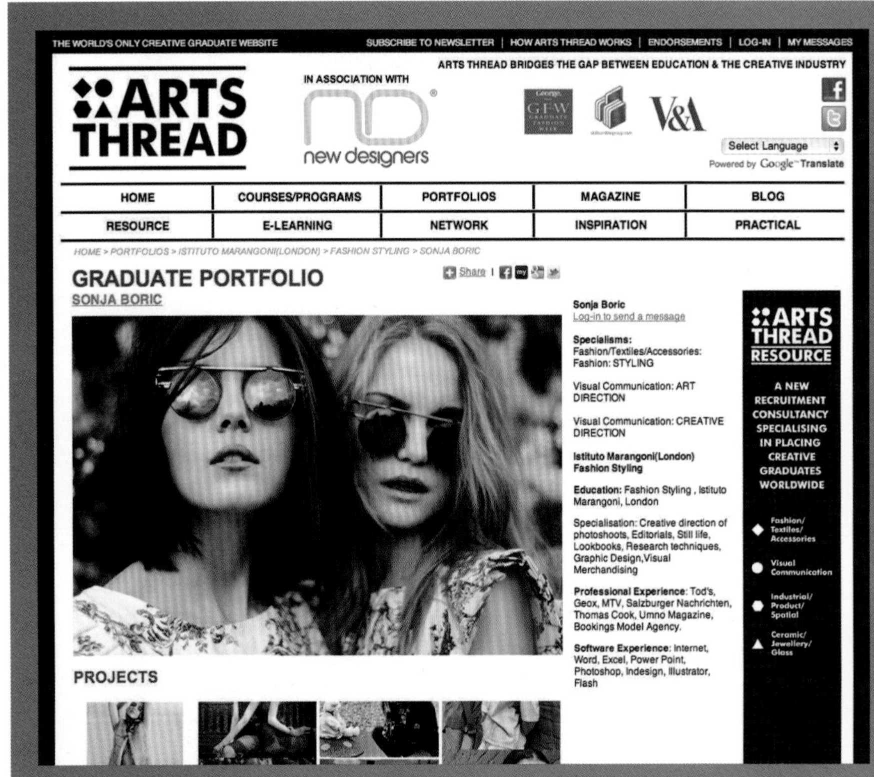

01 — ARTS THREAD
Arts Thread是一个专注于毕业生创作的网站，将教育与产业相联系。Arts Thread有很好的搜索与链接功能，学生可以将自己的作品集上传到网站上。

02 — 作品集展览
对设计类的毕业生来说，作品集是进行个人推销必不可少的工具。

实习和打工让学生学到课堂以外的专业知识，是非常宝贵的学习机会。实习是企业和学校双方依照各自的义务提出的正式约定，受教育部门管制。实习结束之后，企业通常会根据学生的表现向校方提供实习报告或评语，以方便学校给学生计算学分。因为有些课程必须安排实习，甚至是全部用来实习。

打工不属于正式的规定，不会计入学分。它通常是利用放假时间进行的，并不会延长学生的学习期限。打工也是一个难得的学习机会，可以由老师帮忙安排，也可以由学生自己寻找。

任何形式的工作实践，都为建立关系网和发展业界联系提供了绝佳机会。对于大多数学生来说，工作实践让他们真正体验到了时尚行业的工作环境。由于个人经历的差别很大，学生和雇主对实习的期望都应切合实际。许多雇主认为学生从实习中收获了专业知识和经验，就不再给他们支付工资。从雇主的角度来看，学生带走的是经验，这对他们日后找工作非常有用，所以学生在他们这里所获得的知识和技能，可以被认为是一种报酬。大部分的学生都会在个人简历中列出工作经验，在申请职位时，这可以增加优势并引起雇主的兴趣。从根本上来讲，所有的工作实践都能为学生带来好处，能帮他们找到自己的优势，为今后在服装行业中的职业生涯做准备。

01

01 — 实习
实习为学生提供有价值的工作经验和机会，常常计入课程学分。
摘自：Nils Jorgensen / Rex Features

6.3 职业机遇

服装设计师

服装行业能为有才华和有抱负的毕业生提供丰富多样的工作岗位和职业发展机会。服装设计专业的毕业生可以选择设计、技术和销售类职位。一定要记住，在服装行业中，不论做哪项工作，你都是属于团队的。在团队中工作，人际交往能力是很重要的，整个行业都非常重视这项能力。

为商业服装品牌提供创意方向是服装设计师的基本职责。作为团队的一分子，设计师要通过推出新的系列作品来引导或维护品牌的整体形象。每个设计师的角色和工作要求不尽相同，这取决于职位或者公司商业结构的不同。这里介绍的是一般服装设计师的工作及相关工作岗位，服装设计毕业生可以根据个人兴趣和技能来申请。

服装设计师的工作团队，通常包括纸样师、样衣师和服装工艺师，以及买手和商品企划师。制定新设计方案往往需要很多人参与。有些公司的设计师团队很庞大，而有些小公司只需要一名设计师或者有凝聚力的小团队。无论哪种方式，从设计开始到最终成品，都要涉及市场调研活动、召开内部评审会、举办对外展演（如时装秀）。

在以前，大部分服装公司都是根据销售周期，按照从春/夏到秋/冬的顺序开发服装系列。而如今，随着通信技术的发展，更加高效的供应链管理系统和全球化影响，出现了越来越多的季中系列和预告系列。

预告系列在一月和六月的主线产品之前推出，并在店铺销售。这是设计师与买手共同开发的早于销售季的新产品，是实用性的，消费者能买得起的，不参与一年两次的时装周走秀的服装。预告系列通常包括整季的服装与配饰，这已经成为时尚产业的一项重要商机，也体现了设计师加买手这种设计模式的重要性。对于服装设计的学生而言，预告系列等同于毕业设计的准备与试验阶段。

开发新系列的过程与周期取决于公司的商业模式。有的公司生产批发商品，有的公司仅生产零售商品，销售自主品牌服饰。纵向结构的公司和跨国公司除了生产零售或限量版的服饰外，还可能生产批量和出口的服装。同样，有的设计师为生产服装的公司工作，有的为私有品牌的供应商工作。设计师在每一个商业模式中的作用大有不同，这取决于公司的商业目标和设计理念。

01 — 维维安·韦斯特伍德（Vivienne Westwood）
服装设计师维维安·韦斯特伍德在她的工作室中。许多设计师的工作室里都有一面灵感墙，记录着设计团队的灵感。
摘自：Philip Hollis /Rex Features

01

女装设计师

如今有很多女装设计师，这说明服装产品类别丰富，反映了零售业的多元化。

大多数女装设计师在工作中都要制作一系列的展板，比如色彩板。色彩板为设计师提供了视觉灵感，使其把握设计主题和流行趋势。在给供应商提供色样或匹配颜色卡之前，女装设计师与买手会进行商讨，修改并确认颜色。为了奠定新系列作品的色彩基调和视觉背景，大多数设计师还会制作情绪板，这是为了更好地体现品牌形象，为设计开发提供方向。

正如第5章中所讨论的，为了画出尽量多的设计草图或工作图纸，设计师在进行设计调研时, 会考虑各种影响因素，寻求不同的灵感。比如研究古装、街头服饰、电影等传播媒介、旅行见闻、建筑、艺术作品以及能激发灵感的展览。从参加贸易展会和走访卖场开始，设计师会画一些草图。有些设计师会在工作室里设计一面灵感墙，用来分享设计团队的灵感。

当系列产品开发计划制订好以后，紧接着就要整理和完善设计构思。设计稿要展示给设计师或买手，他们从中筛选出进样衣室打样的设计。

在整个设计过程中，设计师将会去样衣室与制板师一起审查样品。这项工作可能由工作室自主完成，也可能外包给其他工作室，还可能去海外打样。对所有样品进行审查和试穿这项重要的职责由设计师与制板师共同承担。成本预算也应视为样衣制作过程的一部分，当进行样衣的内部展示时，买手、商品企划师和服装技术人员可以根据这一点来评判这件样衣能否放到整个系列当中。服装设计的学生在准备毕业设计时，这些工作都会涉及。

男装设计师

男装设计师的工作跟女装设计师有很多相通之处，男装设计要特别考虑一些专业技术与工艺。男装色彩与面料的应用要根据产品类别来进行。男装一般分为休闲装、运动装以及经典的西装和套装。男装的市场定位也参差不齐，既有街头品牌服饰也有更正式、更传统的款式。

设计师和买手会参加专门的男装商品交易会和展会，从而确定下一季的设计方向并把握流行趋势。男装设计师也要用到速写本，在设计过程中他们也需要创作各种各样的展示板，呈现主题与灵感、色彩与面料的流行趋势，同时也做产品开发计划。男士运动装的设计师经常要画款式图，所以他们必须掌握一些矢量和位图软件的操作技能。男士运动装的设计常常外包给自由男装设计师。而对于正装类设计和裁剪，设计师必须要有精湛的工艺设计技巧，这样才能有效地评估服装裁剪与适体性，与男装制板师更好地合作。

针织服装设计师

针织服装设计师既要有创造力也要有一定的针织工艺技能。每个职位因公司的生产技术而不同。机器编织的服装可以大致分为全成形针织服装和半成形针织服装。全成形针织服装是一次编织成形的，这类衣服很贵，因为这种针织技术不太适用于批量生产。半成形针织服装是将长条的针织面料，裁成裁片并缝合到一起。这种方法在生产中应用得更加广泛。除了机器编织还有手工编织，虽效果独特，但在生产中应用很少。

针织服装设计师进行设计调研的步骤跟机织服装设计师相似，但不同的是，他们还要选择纱线，关注纱线的颜色和质地，因为设计面料是设计师们的工作。针织服装设计师必须要有一定的工艺技能。这些技能包括理解织物张力和测量方法，懂得如何使用各种单针床和双针床的工业针织机器。

针织服装设计师也用速写本工作，也要创作展示板，做生产规格表。能敏锐地把握的流行和市场需求，拥有针织物组织结构设计的技能，对针织服装设计师而言是非常重要的。

01

01 — 针织服装设计
针织服装设计师克雷格·劳伦斯（Craig Lawrence）设计的连衣裙，她采用非传统材料，创作出有体积感，质朴且轻盈的服装。
摘自：Totem

制板师

制板是一项技术活儿，它要求制板师对服装结构有足够的认识，能够将设计转化为样衣。大多数制板师与设计师合作密切，以便从草图或效果图理解设计要求。有时制板师和设计师在工作中已经形成了默契，制板师仅根据设计稿就能直接做成样衣。制板师与样衣裁剪师、工艺师一起工作，并且在封口标样被认可之前，要与服装技术人员和设计师进行沟通。

所有的设计公司都要对样板进行编目存档，这样便于查看多年来已生产的不同适体度和造型的服装。有的制板师和设计师会回顾前一季样板，将其作为基础样板来更新或修改款式，更新后的款式又会被放到新系列当中。这种方法在现代成衣产品开发与生产中是相当常见的。

有些服装设计公司建有专门的样衣室，供制板师和设计师创作使用。而有的公司会雇佣自由职业的专业制板师来打板。在这种情况下，公司要给制板师提供产品规格表、测量标准或者给出参考样衣。有时，公司还会要求制板师复制竞争对手的纸样。尽管在行业内部这是不好的行为，但是受商业利益驱使，仍然有一些公司采用这种方法。还有一些公司将制板过程外包给其他工厂，由工厂制作完整的样板或者以适当的价格买进样板。与可靠的海外制造商进行合作时，很多公司都是这样操作的。

服装设计专业的大多数课程都涉及制板知识，学生们在制作样衣或系列服装时也要进行制板。那些有志于成为制板师的人，一定要有实践经验，并能按时完成工作任务。制板师通常都是从实习生或者初级制板师做起，随着经验的积累与技能的提高，才能升为高级制板师或样衣室经理。

样衣裁剪师

样衣裁剪师在样衣室工作，是整个技术团队中的一员，与制板师密切合作。样衣裁剪师首先要裁出用料，裁剪时手必须要稳，心必须要细，保持纱向精确，布边平直。他们还要为各个款式做出最经济的排料方案。注意，有些面料只能单面裁剪。在这个过程中，样衣裁剪师会记录排料方案，并根据面料的用量做出初步的成本核算。随后，这些信息被填进规格表中和装入纸样袋子里。裁剪师把纸样放在面料上，用重物压好，画出裁片，然后精确裁剪，打上剪口。里料和黏合衬也要裁出来，黏合衬是用来加固和定型面料的。裁好了所有的面料、里料和衬料之后，把它们卷在一起，用带子捆扎。设计师的工作图、纸样和一些辅料如拉链和纽扣等也要捆到裁片中，接下来就要把它们交给样衣师了。

01 — 纸样
通常，第一件样衣的纸样在被编号和存档之前是画在卡纸上的，这样方便制板师和设计师日后参考。时间久了，这些记录了款式和适体性变化的纸样就变成了有价值的资源。
摘自：Ray Tang /Rex Features

02 — 样衣裁剪
样衣裁剪师主要负责第一件样衣的裁剪，并与样衣师合作，为设计师制作出样衣。

01

02

服装工艺师

服装工艺师是联系设计师、样衣前期制作和成品服装至关重要的纽带。他们与设计师、制版师和生产人员相互协作，维持品质和适体性要求，监控生产过程，检查服装或面料的缺陷，对生产进行严格的质量控制。在正式生产之前，许多公司会将第一件样衣送到工厂或CMT部门（裁剪、制作和后整理），进行单位成本核算，并评估生产的可行性。

样衣要根据设计单进行制作，然后提交给设计公司用于试衣会。试衣模特要符合公司样衣的规格尺寸。通常，设计师和买手都要参加这种会议，他们与服装工艺师一起商讨，指出需要修改的地方。服装工艺师要把试衣会的内容做详细记录，以供生产部门参考。生产要严格按照封样进行，容不得半点出入。封样是指以样衣的形式规定生产要求。这是很好的质量控制方法，是设计公司和生产商之间的一种契约。服装工艺师负责审查所有面料的检测报告，如色牢度或色差。最后，准备好尺码表，送给制造商开始生产。

服装工艺师要检查生产性样衣，并决定是否接受它（通常拒绝一件样衣要根据它与封样的偏差大小来判断）。他们还要解决在生产中可能会出现的技术问题。服装工艺师办事要有条不紊、细心。为了制作电子表格和技术数据，他们还应具备良好的计算机应用技能。

放码员

纸样放码是根据指定的号型，将纸样放大或缩小，是一项专业技术。放码员要根据给定的规格体系，应用数学梯度和比例对纸样进行大小缩放。理解放码规则，最重要的是理解人体体型，因为可能有的纸样边缘线不需要放码。放码得到的一组纸样，被称为全套纸样。每个公司的规格体系不同，得到的尺码也会不同，它可能会是数字尺码或是S、M、L的尺寸分级。以前放码是由手工来完成的，现在已变为数字化操作，这要求放码员会使用如力克（Lectra Modaris）、图卡（TUKA）和艾斯特（Cadassyst）之类的专业放码软件。放码员必须讲究精确，关注细节。学校里一些服装技术课程会应用学习版的放码软件。想专攻服装技术的人也可以通过做学徒来掌握放码。

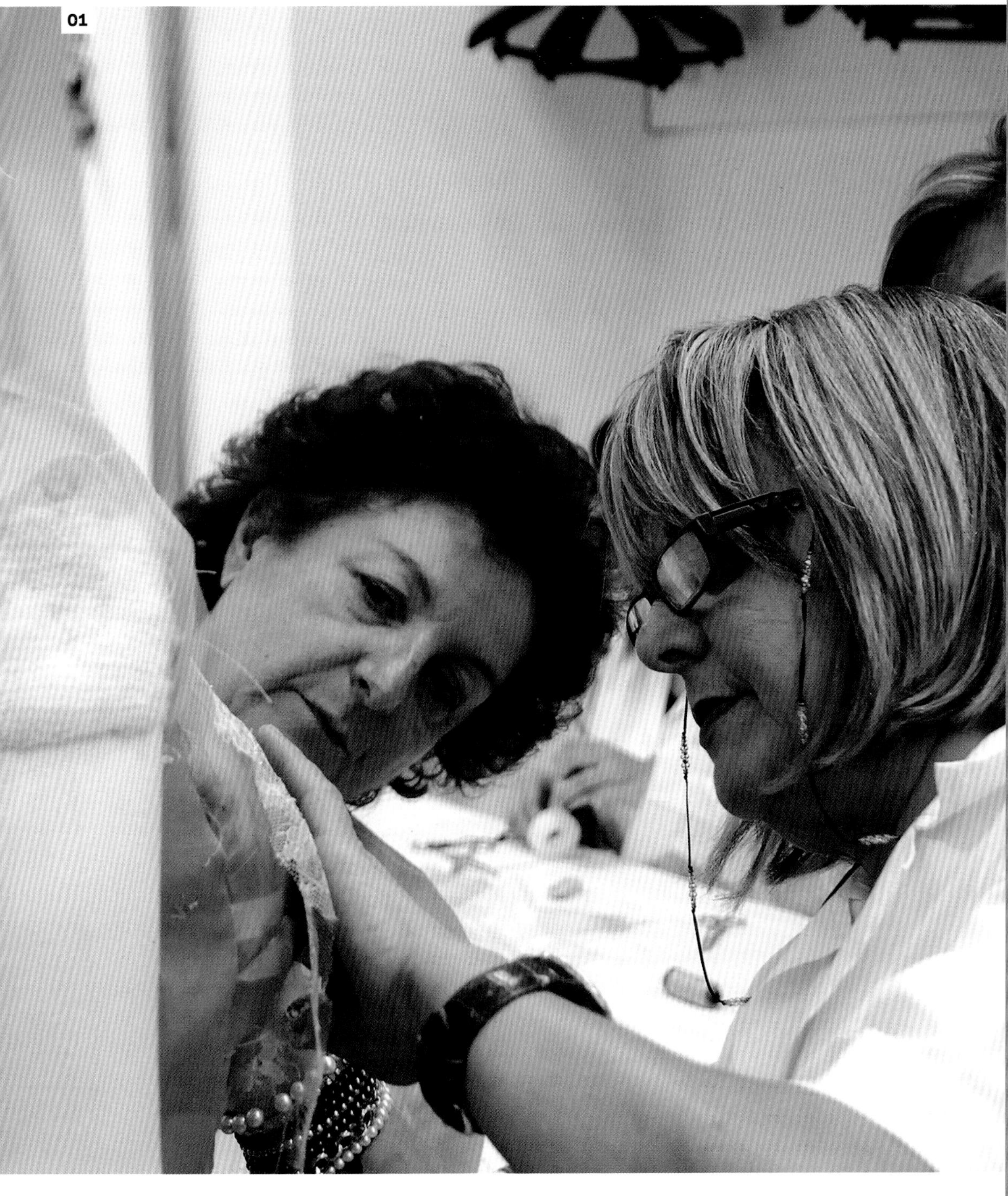

01 — 服装工艺师
在准备和缝制样衣时，技术团队中的服装工艺师要有敏锐的眼光和分析技巧。一件合格的生产性样衣要经历多次修正。
摘自：AGF s.r.l. / Rex Features

我喜欢装扮自我。

詹尼·范思哲（Gianni Versace）

时尚买手是采购团队的一分子，他们的工作跟服装零售业的所有部门都有关联。买手的职责是在销售旺季前制定商品采购计划，可能是OTB采购计划，也可能只是计划服装种类，这在很大程度上取决于公司的规模和结构及其目标市场。

时尚买手的基本工作是与供应商签订合同和下单。因此，他们要发现并挑选合适的供应商，与之协商条款。买手可以去参加交易会和展会，在那里他们可能会发现新设计师的作品。买手也负责为订货会筹集或接收货款。根据业务的性质，订货可能涉及制造商、批发商、代理商、进口商或其他零售商。

OTB采购计划

在某个时期内留有预算，计划要采购的商品，但是还没有下订单。它也是商品销售及采购的一个规划过程。

时尚买手的工作始终要考虑预算，他们需要协商价格，包括即时付款的折扣率和货运方式。优秀的买手能够辨别品质，挑选最合适的零售商品。选择商品很重要，要能体现公司的品牌形象。这时候，买手要与设计团队一起参加服装展示会。经营批发和零售生意的公司，会定期召开其设计团队和买手间的会议。这种会议让设计师和买手有了交流的机会，一方面设计团队展示出新的设计思路和流行趋势；另一方面买手会反馈有关产品销售的重要信息。在一些企业中，买手与设计师紧密合作，共同参与样衣开发，买手还可能与设计师一起到国外，联系供应商或是为了采购新产品去参观工厂。

独立时装设计师若没有自己的零售折扣店，就必须向买手展示他们的作品，因为买手们可能为某家百货店或独立服饰商店工作。为了获取订单，向买手展示作品时一定要做到细致而专业，千万注意展示会的截止日期。

买手的工作要遵照严格的时间计划，比如下订单和接收样衣都有时间规定。另外，他们必须管理预算，还要与商品企划师一起工作，确定商品尺寸范围，把商品分配到各个店铺去。时尚买手一般从初级的采购员做起，他们应该兼具商业眼光和经济头脑，并且对时尚产品及市场趋势有深刻的理解。

01

01 — 采购商品
时尚买手通常在国内或国际贸易展会中采购大批服饰。
摘自：breadandbutter.com

商品企划师

商品企划可以简单理解为一种计划，涉及到如何在合适的地方，恰当的时间提供质量合格，价位合理的商品。这一简洁的描述，出自美国市场营销协会，它阐明了服装商品企划的重要商业功能，也指出了商品企划与设计和购买之间的关系。商品计划的制订，需要商品企划师、买手和服装技术人员紧密协作。制订计划时要考虑产品种类、色彩、面料、尺寸以及距交货日期的时间差，这直接关系到公司对产品系列的经济投入。大货样衣一旦被高级服装工艺师认可，高级买手就要签发一份“发货批准单”，允许将商品送到仓库和分销店铺。因此，这条供应链需要精细化的管理。有时，在允许发货之前，仓库的质量控制团队会对商品进行抽查，如果发现货品有问题，他们会把信息反馈给服装技术人员和商品企划师。

商品企划团队里有分销员，他们充当了商品计划与库存分配的接口。分销员主要负责库存的分配和补充，确保每个店铺都有琳琅满目的商品，以满足销售需要，赚取利润。同一件商品，在有的地方卖得好，而在其他地方却销不出去，因此地域差异也是区域竞争中要考虑的因素。由于分销员了解详细的库存情况，他们会向买手提供一些商品分配方面的建议。

商品企划师监督每日或每周的销售数据并报告给商品总监。许多大型服装公司都雇佣商品分析师，他们负责提供详细的库存计划，并将这一信息传达给商品企划团队。高级商品企划师和商品总监最重要的工作之一的就是同意“降价”。所有的服装公司在本季结束之前，可能都会清理未销售的商品，减少库存。商品企划师要有商业意识和良好的计算技能。商品企划师主要是与数据库和电子表格打交道，所以还要有熟练的计算机技能，以及与公司内外部同事有效沟通的能力。整个服装行业都很重视商品企划，好的商品企划师会为服装公司带来利润。

视觉陈列师

视觉陈列是在一个给定的销售空间中进行商品布局和展示。这是视觉陈列团队发挥创意的好机会，视觉陈列师有良好的服饰搭配技巧，并理解如何促销才能符合品牌的特点和风格。视觉陈列师往往以团队的形式工作，可能是由视觉陈列经理带队，与零售总监或营销团队一起工作。他们还与商品企划师和买手保持密切联系。视觉陈列团队必须提前准备每个季节的陈列主题、活动主题或促销活动。

视觉陈列师最典型的工作之一是进行橱窗展示，这既需要创意，也需要对品牌特征有深刻的理解。如Barneys和Selfridges等百货公司，他们的橱窗非常有创意，广受赞誉。其他品牌，如拉夫·劳伦（Ralph Lauren），就是因“生活方式空间”而闻名的。在“生活方式空间”里，商品与古董混合得不留痕迹，环境布局精美，构建了吸引人的零售环境。

许多公司都雇有视觉陈列师。他们必须具备潮流意识，拥有实践技能、创造天赋、工作热情并乐意团队工作。

01 — 视觉陈列
在零售环境中，视觉陈列让消费者对服装系列产生第一印象。在线购物将视觉陈列变成了数字形式，也出现了在线试衣间（Virtual model）的应用。
摘自：*A. Ciampi*

01

如果你拥有服装专业技能，又有一定的实践经验和良好的沟通能力，服装教学工作的大门将为你敞开。由于服装行业内的工作种类繁多，学生必须理解各项工作之间的关联性，掌握相关的专业技能。因此，从事服装教学，就意味着要教会学生如何进行设计调研，开发服装系列，或是为了创作样衣，如何在样衣室制作纸样或进行立体裁剪。

服装教学也分不同的层次，有的是针对本科生的，有的是与已有一定专业基础的硕士生进行项目研究。一定要弄清楚学生的层次，这样才能更好地准备课程，布置任务。在大多数学校，教与学的关系是很清晰的，新生往往需要以技能为主的教学，以帮助他们掌握专业基础，而对于高年级的学生，则应多鼓励他们完善已有的设计方法，以培养他们独立思考的能力，像设计师那样树立起个人风格。

有些服装教师是兼职的。他们不是在大学全职工作，而是开设有自己的设计工作室。这些教师一直与时装行业保持密切联系，这样他们在教学的同时，还能保持自身技能的先进性与实用性。全职教师也要参与学术研究活动，以保证他们在服装学科领域里的知识与技能具有前沿性和实用性。

从事服装教学要有良好的教学组织能力，这样才能激发学生的天赋与激情。服装设计教师团队主要是按教学计划或教学进程表来工作的。学生数量不等，因此要有固定的资金投入来保证教学设备与资源的充足。

教学活动包括以下内容：

准备教学大纲，要涵盖教学周数，根据学生的层次水平设定教学目标。

策划并撰写相关教学项目。这包括与外部专业机构的合作项目。

计划并发布一系列实践研讨会或者设计工作室活动。

计划并发布面向学生的时装表演或演说。

组织教学观摩活动，比如参观展览或贸易展会。

为某个教学模块安排嘉宾或业内人士进行时装展览或研讨会。

直接监管学生，保证良好的学习氛围。

01

02

01～02 — 服装教学
服装设计专业学生常常向教师展示他们制作的样衣，以求取意见。教学时，可以模拟服装公司，让同事进行评论，这样能让学生展示自己的设计想法，并认真思考别人的评论。
摘自：Alick Cotterill

6.4 访谈录（Q&A）
玛塞勒·L (Marcella L)

姓名

玛塞勒·L

职业

时尚博主

网址

www.fashiondistraction.com

简介

玛塞勒是来自新西兰奥克兰的一位23岁的博主。她最近取得了奥克兰大学的经济学与统计学的双学位。博客Fashion Distraction是玛塞勒在2008年建立的，最初只是作为她服装店铺的宣传工具，经过多年的发展现已备受欢迎。

请介绍一下你的博客Fashion Distraction。你在博客上主要发布什么内容？你为什么会想到创办自己的博客？

最初，为了在线销售衣服我只是拍些自己的照片上传到网上，但后来我发现我真的喜欢上了服饰搭配。我根据自己喜欢的搭配，拍下了很多不同风格的照片，这样我就想到要有一个地方来展示它们。然后我发现了博客社区，就决定试一试，就这样开始了。现在我的博客已经成了公开性的图片日志，里面有我的日常服饰搭配，灵感源和生活快照。

能谈谈你的个人穿着风格吗？能否谈谈你博客中的“我的衣橱商店”这个版块？

我有点善变，我真的没有什么固定的风格，我只是选我感兴趣的服装，并根据它来搭配。有时我穿的像少女，有时穿的前卫、复古，甚至有些古怪。

至于我的博客商店，基本上我的衣橱总是满满的，快要被撑坏了，我不断地整理它，试着清除一些我不再需要的衣服或是那些很漂亮但没机会穿的衣服。开设“我的衣橱商店”版块，对于我的博客粉丝来讲是再自然不过的事情了。如果追随我博客的女孩儿们喜欢我的风格，那么她们很可能也会喜欢从我衣橱里卖出去的衣服。

我看你也用Facebook和Twitter，它们对你的博客有什么帮助吗？

Facebook和Twitter是向博客粉丝更新信息最好的方式。我会在上面附上最新动态的博客链接，也会做新品预览。这是与读者进行交流的好工具，我能了解他们喜欢什么，他们想看到什么，也能回答他们的一些问题。

讲讲你的摄影爱好，你是从哪儿获得拍摄灵感的？

很庆幸，我和我的男朋友都爱上了摄影，并且他为我的博客拍摄的照片也越来越多了。他购买摄影器材，同时注重创意学习，通过研究和欣赏杂志摄影师的作品，浏览他们的博客，他自学了摄影技术。虽然我们还在不断地学习中，但我仍然为博客上的照片感到自豪。

你有什么建议给同样热衷于时尚的博主？

博客内容一定要原创、有吸引力。就做你自己，发展自己的风格，千万别模仿他人。你要有耐心，时刻关注它，成功不是一朝一夕的事。乐在其中，不要太把结果当回事，你应该享受玩博客的过程。

你如何看待Fashion Distraction的未来发展？

我希望它能够在保持新鲜感的同时稳步发展。以后我想会把它建得看起来更有专业味道。不过，它目前的样子，我非常满意。

01

01～02 — Fashion Distraction

玛塞勒的博客变成了图片日志，提供日常服饰搭配的灵感和快照。

摘自：Fashion Distraction/ photos by Jared Belle

02

slouch.

The 'Vanda' bag, available HERE

The perfect boho bag.

Like 8 Tweet

«Prev 1 2 3 4 5 6 7 8 9 10 11 Next»

01

01～02 — 博客
玛塞勒对时尚博主的建议是：保持耐心，坚持下去，成功不是一朝一夕的事。
摘自：Fashion Distraction/ photos by Jared Belle

6.5 问题讨论 活动建议 扩展阅读

问题讨论

1 讨论制作服装作品集的好的做法。思考有效的服装作品集有什么特征。你的作品集会有哪些内容呢？你该如何编辑并更新作品集呢？

2 评价各种科技化的自我推荐方式，比如电子作品集、博客、个人网页。讨论它们对于服装设计师自我推荐的好处和局限性。

3 根据本章所描写的职业机遇，讨论服装设计师的工作角色，以及他们与相关职业的工作关系。

活动建议

1 重审你的作品集。批判性的评价你的个人优点和需要提高的地方。编辑并更新你的作品，参考市场需求，考虑展示方式，以及整个作品集的组织形式。为你的毕业设计作品单独准备一本册子，里面的作品照片要风格鲜明。

2 找出各种时尚生活博客，既可以是个人也可以是公司的。评价他们的内容和特征。创建你自己的博客，并把各种文字和图片放进去，添加链接和背景，及时更新内容，定期查阅你的博客。

3 准备一份简历，要有求职信和作品集。采用简单清晰的字体，写上你的联系方式、教育经历、技能特长、获奖情况、实习经历等等任何有用的信息。起草一份求职信，大概介绍下你的优点，让这封信适合你所申请的职位。

扩展阅读

顾客是唯一的利润中心。

彼得·德鲁克（Peter F.Drucker）

Brown, C
时装与面料：实用职业指导（Fashion & Textiles: The Essential Careers Guide）
Laurence King, 2010

Davies, H and Knight, N
英国服装设计师（British Fashion Designers）
Laurence King, 2009

Davies, H
现代男装设计（Modern Menswear）
Laurence King, 2008

Editors of Nylon
全球街头服饰（Street: The 'Nylon' Book of Global Style）
Universe Publishing, 2006

Finnan, S
如何进入时装行业：时装就业指南（How To Prepare For A Career in Fashion: Fashion Careers Clinic Guide）
Adelita, 2010

Goworek, H
纺织服装职业指南（Careers in Fashion and Textiles）
John Wiley & Sons, 2006

Jaeger, A
时尚界专家访谈（Fashion Makers Fashion Shapers: The Essential Guide to Fashion by Those in the Know）
Thames & Hudson, 2009

Rodic, Y
Facehunter
Thames & Hudson, 2010

Schuman, S
The Sartorialist
Penguin, 2009

Tain, L
服装设计师作品集（Portfolio Presentation for Fashion Designers）
Fairchild, 2004

Verle, S
风尚日志：从柏林到东京的世界时尚（Style Diaries: World Fashion from Berlin to Tokyo）
Prestel, 2010

Arts Thread
www.artsthread.com

Facehunter
www.facehunter.blogspot.com

Fashion Snoops
www.fashionsnoops.com

Flickr
www.lickr.com

LookBook.nu
www.lookbook.nu

Not just a label
www.notjustalabel.com

SHOWstudio
www.showstudio.com

Stylebubble
www.stylebubble.typepad.com

Stylesightings:
www.stylesightings.com

WGSN
www.wgsn.com

The September Issue
DVD, 2009

结束语

服装设计涵盖了人类的文化、思想与实践等各个方面。人们利用时装变换自己的外表和身份，或许时装的魅力正在于它对不同事物的包容性。

近年来，新的技术不断涌现，促进了时装行业的发展。虽然大多数新技术跟样衣室或服装工作室里的工作不太相关，但它们对消费者的需求与购买行为产生了深刻的影响。信息传播渠道的发展，比如网站、博客、在线时装秀、社会化媒体网站、智能手机应用让服装设计师与国际市场零距离接触，也让时装行业实时运转。有些服装品牌应用网络技术提供个性化的定制服务，让消费者也参与到服装设计中来。除此之外，服装设计与社会其他方面的联系变更加紧密。通过开发可持续商业模式和可溯源供应链系统，或是良好的道德经营活动，服装设计让消费者、供应商以及工人受益，因此它的社会形象也在不断提升。

时装的概念在不断更新。设计师在追溯历史的同时，为我们展现出富有现代感的时装，反映出当代审美趣味。可以肯定地说，时装是人类社会关系与组织结构的产物。

对服装设计师而言，时装不仅是一种表达方式，还是社会交往的工具。要想成为服装设计师，就要目标明确，有思想，并且擅长与人沟通交流。由于服装设计的过程复杂，最终还要符合人体造型，所以设计师必须不断地根据实际情况调整想法与创意。服装设计最核心的内容就是面料的选择应用，以及样衣的制作开发。这些工作看似具有一定的束缚性，但神奇的是，设计师总是能够用丰富多彩的造型、线条、色彩和比例变换出新奇的设计，一次又一次地震惊观众，让人们为之喝彩。

附录

索引

带说明的斜体字的页码

Index compiled by Ursula Caffrey

致谢

I would like to thank all the contributors who so generously provided original material for this book. In alphabetical order: Emma Brown, Mayya Cherepova, Anne Combaz, Catherine Corcier, Alick Cotterill, Mengjie Di, Mei Dyke, Lisa Galesloot, HollyMae Gooch, Hanyuan Guo, Katharine Nelson, Lauren Sanins, Laura Helen Searle, Shijing Tuan, Kate Wallis and Kun Yang.

Special thanks to my contributors who agreed to be interviewed for this book: Marcella L, Lee Lapthorne, Daria Lipatova, Maggie Norris, Lauretta Roberts and Damien Shaw.
Additional thanks also to Olivia Chen, Chip Harris, Sachiko Honda, Cecilia Langemar, Wendy Turner, Rui Yang and Alison Wescott for their assistance.

Thank you to catwalking.com and everyone at AVA Publishing, especially Rachel Parkinson, and to Violetta Boxill at Alexander Boxill.

→

我要谢谢所有慷慨地为此书提供原始资料的贡献者们。以下按字母顺序排名：艾玛·布朗、玛雅·切利波娃、安妮·科芭兹、狄孟杰、美·迪克、丽莎·盖尔斯露、赫莉美·古驰、郭汉元、凯瑟琳·尼尔森、劳拉·塞尼斯、劳拉·海伦·雪莉、团石景、凯特·沃利斯和杨昆。

特别鸣谢同意为此书接受采访的撰稿人：玛塞勒·L、李·拉普桑、达莉亚·里帕托瓦、玛姬·诺里斯、劳雷塔·罗伯茨和达米安·肖。另外，也谢谢奥莉维亚·陈、切普·哈里斯、本田幸子、茜茜莉娅·朗吉玛、温迪·特纳、杨瑞和艾力森·韦斯科特等人的帮助。

谢谢catwalking.com网站和AVA出版社的每一个人，特别是雷切尔·帕金森以及Alexander Boxill的维奥莉塔·伯克希尔。

图片来源

CHAPTER 1.0

009	Anne Combaz
011	Catwalking
013	Anne Combaz for *Tush* magazine
019	Catwalking
022-023	Shutterstock
031	Farrukh Younus @Implausibleblog
032-033	Shutterstock
034	PF / Keystone USA / Rex Features
035	Courtesy of SOKO
037-039	Lee Lapthorne

CHAPTER 2.0

043	Mengjie Di
045	Mengjie Di
047	Alick Cotterill
049	Alick Cotterill
051	Hanyuan Guo
052-054	HollyMae Gooch
055	Mengjie Di
056	Mengjie Di
057	HollyMae Gooch
058	Shijing Juan
059	HollyMae Gooch
060	Laura Helen Searle www.laurahelensearle.com
061	Catherine Corcier
063	Mengjie Di
064	Mengjie Di
065	Daria Lipatova
066	Kun Yang
067	Shijing Tuan
068	Laura Helen Searle www.laurahelensearle.com
071-073	Daria Lipatova

CHAPTER 3.0

077	Totem / Ugo Camera
081	Catwalking
082	Emma Brown
085	Mayya Cherepova
086	Catwalking
087	Messe Frankfurt Exhibition GmbH / Pietro Sutera
088-089	Lauren Sanins
091	01: JB Spector / Museum of Science and Industry 02: Lisa Galesloot
093-095	Messe Frankfurt Exhibition GmbH
099	Messe Frankfurt Exhibition GmbH / Pietro Sutera
100-101	Remi
103-105	WGSN

CHAPTER 4.0

109	Laura Helen Searle www.laurahelensearle.com
111	Alison Westcott
113	Penny Brown
119	Laura Helen Searle www.laurahelensearle.com
120-121	Penny Brown
125	Laura Helen Searle www.laurahelensearle.com
127	Lauren Sanins
128-129	Penny Brown
133	Tsolmandakh Munkhuu / Totem
135-137	Maggie Norris Couture

CHAPTER 5.0

141	Lisa Galesloot
143	Anne Combaz
144	Kate Wallis
145	Anne Combaz
146	Kate Wallis
147	Lauren Sanins
148	Anne Combaz
149	Wayne Tippetts / Rex Features
150	Ethel Davies / Robert Harding / Rex Features
151	Catwalking
153	Kate Wallis
154	Hanyuan Guo
156-157	Lisa Galesloot
159	01: Mei Dyke 02: Mayya Cherepova
161	Lisa Galesloot
162	Lisa Galesloot
164-165	Catwalking
167	Catwalking
168	Ed Reeve / View Pictures / Rex Features
169	Catwalking

CHAPTER 6.0

173	Autumn de Wilde / Rodarte
179	Katharine Nelson
180	Nils Jorgensen / Rex Features
183	Philip Hollis / Rex Features
185	Craig Lawrence / Totem
187	01: Ray Tang / Rex Features 02: Shutterstock
189	AGF s.r.l. / Rex Features
191	Breadandbutter.com
193	A. Ciampi / Pitti Immagine
195	Alick Cotterill
197-199	Fashion Distraction / photos by Jared Belle